CHAP

精品课程新形态教材
21 世纪应用型人才培养规划教材
“双创”型人才培养优秀教材

版式设计

BANSHI SHEJI

主　编　李鸿明　张　晶
副主编　王　雯　高光宇　唐　烨
　　　　向　宁　刘世锋　魏　扬
　　　　周　璨　娄晓庆

東北大學出版社
Northeastern University Press

图书在版编目（CIP）数据

版式设计 / 李鸿明，张晶主编. — 沈阳：东北大学出版社，2015.5（2024.1重印）

21世纪应用型人才培养“十三五”规划教材

ISBN 978-7-5517-0983-5

Ⅰ. ①版… Ⅱ. ①李… ②张… Ⅲ. ①版式-设计-高等学校-教材Ⅳ. ①TS881

中国版本图书馆CIP数据核字(2015)第135603号

出 版 者：东北大学出版社

地址：沈阳市和平区文化路三号巷11号

邮编：110819

电话：024-83680267（社务室） 83687331（营销部）

传真：024-83687332（总编室） 83680180（营销部）

网址：http://www.neupress.com

E-mail:neuph@neupress.com

印 刷 者：涿州汇美亿浓印刷有限公司

发 行 者：东北大学出版社

幅面尺寸：210mm × 285mm

印 张：10

字 数：224千字

出版时间：2015年5月第1版

印刷时间：2024年1月第3次印刷

责任编辑：孙 锋

责任校对：周文婷

封面设计：尤岛设计

责任出版：唐敏志

ISBN 978-7-5517-0983-5 定价：59.00 元

前言 PREFACE

网络信息技术与印刷技术的发展，使电子出版物与印刷出版物成为重要的信息传播载体。版式设计作为出版物外观与内涵的联系纽带，其目的是以视觉艺术形式进行信息的传播，带给受众阅读与欣赏的双重体验感受。

版式设计是平面设计的重要分支，在当今注重跨界设计的大环境下，我们需要不断拓宽其设计制作的范围和形式。现代版式设计讲求艺术与技术的统一，在强调创意的同时，也应注重与商业等因素的融合。平面设计专业学生必须提高专业能力及素质，编者希望本书能有助于他们真正掌握有效传达信息的编排方法及如何使用视觉语言传达思想。

党的二十大报告指出，教育、科技、人才是全面建设社会主义现代化国家的基础性、战略性支撑，科技进步靠人才，人才培养靠教育，教育是人才培养和科技创新的根基，科技创新将为教育注入新动能。全书紧密结合授课特点，注重版式基础知识及专业设计理论的内容梳理，在讲解过程中配合大量典型图例进行辅助说明，并在每章增设实训项目和设计实例帮助读者理解，以提高学生的设计实践能力。

由于编者水平有限，加之编写时间仓促，书中内容难免有疏漏之处，恳请相关专家和广大读者批评指正。

编　者

目录 CONTENTS

ER 1

第一章 版式设计的起源与发展

文字是记录人类文明的主要信息工具，文字的记录形式形成了版式的编排效果。在人类历史长河中，文字经过数千年的发展演变，带动了版式设计形式的发展，指引人类从蒙昧状态走向文明。版式设计伴随着各国文化艺术运动的不断发展，最后形成了各自的风格。

▶ 学习目标：了解版式设计起源及进程；了解版式设计的指导思想及发展趋势。

▶ 学习重点：版式设计的起源与发展；欧洲、亚洲版式设计风格。

第一节 文字发展概述及版式设计起源

人类最早文字的三种基本类型分别是苏美尔人的楔形文字，埃及人的象形文字，中国人的象形、会意和仿音结合的文字体系。

一、两河流域的楔形文字

在公元前 7000—8000 年，农业经济已经开始在两河流域与长江流域的下游发展起来。在早期农业经济中，文字被创造出来，两河流域的苏美尔人很早就创造了利用木片在湿泥板上刻画的文字，这种文字被命名为“楔形文字”，也叫“钉头文字”或“箭头字”（图 1-1）。

楔形文字符号共有 500 种左右，其中有许多具有多重含义，其准确含义只能根据上下内容来确定，这就使得楔形文字体系比后来的字母文字体系更难以掌握。尽管如此，在两千年间，楔形文字一直是美索不达米亚唯一的文字体系。这种文字按照整齐的格子书写，字体十分规范，整体书写具有规整的编排形式感，后来形成西方最早的版式编排形式。

二、古埃及的象形文字

作为北非的文化摇篮，古埃及的象形文字与简朴抽象的楔形文字相比，更富于图形感。

公元前 3100 年，埃及建立第一王朝。美索不达米亚和苏美尔文化被引入埃及，促进了埃及文化的发展，埃及人保留本身早已发展起来的以图形为中心的象形文字并以此为主要字体进行记录书写。这种象形图画式的“象形文字”被使用时间非常长且运用在各种载体上，包括象牙雕刻、石刻（当时著名的罗斯达石刻）等。

大约在公元前 3000 年，古埃及人开始使用莎草纸进行文字记录，这种出现在纸草上书写的文字记录，被称为埃及文书（Egyptian Hieroglyphs），象形文字利用横式或纵式布局，形式感、装饰感非常强，精美绝伦（见图 1-2~图 1-4）。

图1-1 早期的楔形文字。由于右手执笔，从左而右横写，楔形左粗右细

图1-2 埃及壁画。守墓神阿努比在为法老安葬前作法事，画面背景中就是古埃及象形文字

图1-3 埃尔涅弗法老墓壁画中的古埃及文字

图1-4 古埃及最具平面价值的纸草文书《死亡书》，插图、标题装饰、字体和编排都采用手卷横向式，井然有序

三、中国象形、会意和仿音文字

中国是世界上产生人类文明最早的国家之一。在出土的新石器时代的一些陶器上，已经具有类似文字的图形。

汉字是迄今仍被沿用的象形文字。中国文字最早形态出自于简单的象形，如“日”“月”“木”“天”等，这种文字大量出现在公元前 1800 年的商代甲骨文中，成熟于公元前 1300 年。青铜文字则在周代取代甲骨文，也称为“金文”，因为表达内容的复杂，出现了意、音创造新字的格式，如“日”“月”“明”等是以意造字；“马”“吗”“玛”“码”这几个字，是由“马”形音而来（见图 1-5 和图 1-6）。

与古埃及文字记录形式不同，从殷商时代的甲骨文字到清代汉字，基本都是沿用由右上到左下的排列方式，且图文穿插的形式几乎没有。随着朝代的变迁，汉字形成了“行”“草”“隶”“篆”等主要字体形式。

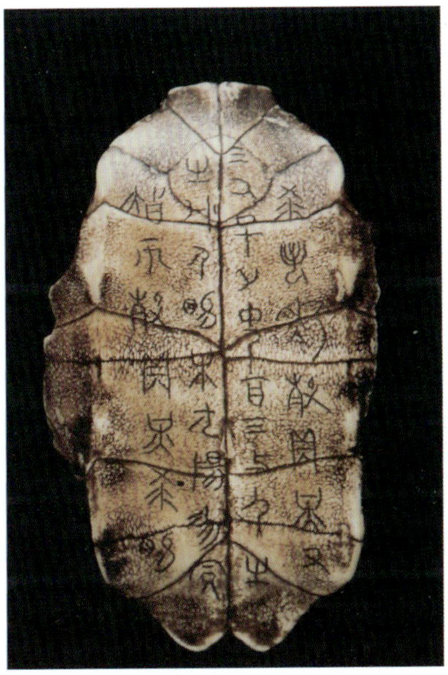

图1-5 刻有文字的龟甲甲骨文

图1-6 中国象形文字从甲骨文到楷书演变的过程

第二节 版式设计发展进程

一、西方版式设计的发展

西方版式设计发展历史悠久，版式风格在各个历史时期经过演变和凝聚，成为现代设计的主流发展标准。

1. 古登堡时期（1450—1500年）

15世纪后，由于经济和文化迅速发展，手抄本式的书籍已经不能满足日益增加的社会需求。根据记载，1439年起，德国人约翰内斯·古登堡（Johannes Gutenberg）开始试验印刷技术，并于1450—1455年完成了完整的《圣经》的印刷。这本书的版式排版创新将文字分为两栏编排，并将插图和文字分开编排在不同的页面上，比之前图文混排的编排方式更适合人们的阅读习惯（见图1-7~图1-9）。

2. 文艺复兴时期（14—16世纪）

起源于意大利的文艺复兴，在16世纪逐步扩展到了整个欧洲，它同时带来了一场科学与艺术的革命。

文艺复兴时期在平面设计上一个非常重大的进步，就是版式设计逐渐取代了旧式的木刻制作和木板印刷。金属活字的出现，实现了文字和插图灵活拼合的版式设计形式，插图逐渐从单纯的木刻发展到金属腐蚀版。利用金属活字和插图版配合排版的工作，就是现在意义的“排版”（Thpography）。

图1-7 完成于公元698年的欧洲中世纪圣经抄本《林迪思法恩圣经》，版面的装饰感极强

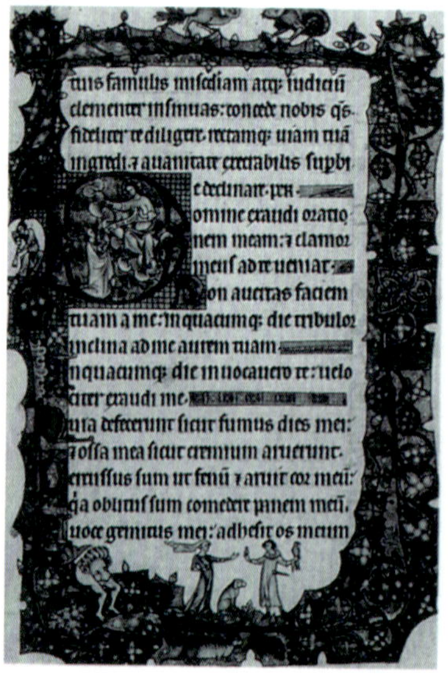

图1-8 14世纪初期的手抄本《奥米斯比诗篇》

图1-9 1450—1455年古登堡完成《圣经》完整印刷，字分为两栏设计

以达·芬奇、米开朗琪罗等艺术大师为首的古典艺术、建筑及人文主义复兴掀起了高潮，当时的字体设计和版式设计风格中较为明显的特点是工整、简洁、首字母装饰，版式编排主张对称古典，在版面元素中较多地采用花卉、卷草图案，尤其喜欢在版面的首字母左右用卷草装饰，并在版心的文字以外全部用古典风格明显的花草装饰（见图 1-10）。

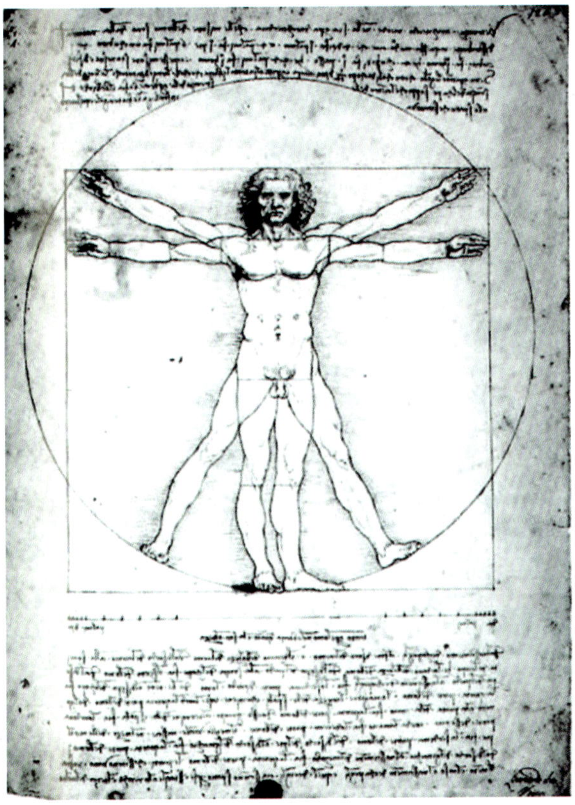

图1-10 达·芬奇为《神奇的比例》一书绘制的插图

3. 巴洛克洛可可时期（16 世纪中期—18 世纪下半叶）

巴洛克洛可可风格总体归纳为浪漫主义风格，该风格主要强调力度、变化和动感。这个时期的版式设计追求丰富的色彩搭配、严肃对称的布局排版、高雅丰富的装饰细节，版面采用大量并大胆的曲线结构，加之繁复的装饰堆砌（见图 1-11）。

BIBLIA
SACRA
AD
optima quæque veteris, vt vocant, tralationis exemplaria summa diligentia, pariq; fide castigata.
*
Cum Indicibus copiosissimis.
LVGDVNI,
APVD IOAN. TORNAESIVM,
M. D. LVIII.

图1-11 法国里昂印刷家设计的《圣经》书名页，版面以曲线、花纹为底铺陈，浪漫柔和

4. 工业革命时期（18 世纪下半叶—19 世纪上半叶）

西方国家的工业革命是从 1760 年的英国开始，止于 1840 年。这段时期是生产力高速发展时期，随着生产力的改善，社会总收入水平急剧提高，因此对商品的需求激增，这直接影响了设计，大量领域需要重新设计，包括产品设计、包装设计、广告海报等。报纸杂志成为了社会日常生活的内容之一，因此为了适应新的传播需求的字体、版式设计也随之出现。英文的 26 个字母由原来的唯一的阅读性的传达功能转换角色，在商业活动中，字体本身被赋予装饰、宣传、强化等功能，以个性强烈的形式，起到了商业宣传的作用。无数种自由创造的新字体在短短几十年中大量涌现，很大程度上丰富了枯燥平淡的版面。19 世纪上半叶发明了无衬线字体，这改变了装饰感强的古典主义版面风格，对后续现代主义版面风格产生了一定的影响（见图 1-12 和图 1-13）。

5. 维多利亚时期（19 世纪中期—20 世纪上半叶）

维多利亚时期的设计风格具有相互矛盾的两面性，一方面表现出复杂的矛盾和折中倾向，另一方面也体现出由于物质丰裕而造成的烦琐装饰化倾向。这一时期的书籍设计、印刷设计尤其是版面边缘装饰中出现大量的烦琐细碎的图案，使用过度繁复的装饰，并选用绚烂夺目的色彩，出现了烦琐的“美术字”风气（见图 1-14）。

维多利亚下半期，平面设计的烦琐装饰风格因为金属活字的出现和新的插图制版技术的刺激，达到了登峰造极的地步。彩色石版印刷的发明和发展更是给版式设计烦琐的装饰化效果带来了无所不能的手段。

6. 工艺美术运动时期（19 世纪下半叶—19 世纪末）

“工艺美术”运动是起源于 19 世纪下半叶，它反对维多利亚时期矫揉造作的风格，否定工业化时代带来的粗制滥造的工业产品，提倡恢复中世纪的手工艺传统。

以欧文·琼斯、约翰·拉斯金、威廉·莫里斯等为首掀起了以“设计改变社会”的工艺美术运动。以诗人、画家兼设计师莫里斯为代表的传统派艺术家积极致力于设计实践，版式作品体现出扎实的绘画功底及古典主义风格（见图 1-15）。

图1-12 海报中没有插图，通过字体的风格、字号、粗细不同达到装饰和传递信息的目的

图1-13 法国著名插画家保罗·加瓦尼于1845年设计的海报

图1-14 维多利亚时期典型作品之一——1867年的瑞典歌曲四重唱海报中运用了彩色满版型构图和大号标题的编排方式，突出表现主题

图1-15 由莫里斯设计，克莱恩插图的1894年出版的《呼啸平原的故事》的扉页，是英国工艺美术设计运动风格最集中和典型的体现

7. 新艺术运动时期（19 世纪末—20 世纪初）

19 世纪末 20 世纪初的新艺术运动是在欧洲和美国产生和发展的一次内容广泛、影响面大的装饰艺术运动，历时 20 年左右。这次运动中形成的版式作品以自然风格作为本身发展的依据，强调自然中不存在直线和完全的平面，装饰上突出表现曲线和有机形态。

这个时期具有代表性的平面设计大师有朱利斯·谢列特（法国）、亨利·德·图卢兹·劳德里克（法国）和阿尔丰斯·穆卡（法国）等。其中朱利斯·谢列特在设计史上被称为“现代海报之父”。他设计的上千张海报，对于国际和法国平面设计具有非常重要的影响，他的设计风格也成为“新艺术”运动平面设计风格的一个典型代表（见图 1-16~ 图 1-18）。

图1-16 英国新艺术运动重要代表插画家比亚兹莱以花卉大自然为主要图形元素设计的封面

图1-17 朱利斯·谢列特设计的招贴作品，图形写实，色彩明快华丽，形式多样，整个画面洋溢着热烈欢快的情调

图1-18 最典型的新艺术设计风格代表人物阿尔丰斯•穆卡的设计

8. 现代艺术运动时期（20 世纪初—20 世纪 60 年代）

20 世纪初到第二次世界大战前后的现代艺术运动，是 20 世纪影响最深远的两次运动之一，形成了“经典现代主义”的全部内容和形式。众多的现代艺术运动中，有不少对现代平面设计带来相当程度的影响，特别是形式风格上的影响，其中以立体主义的形式、未来主义的思想观念、达达主义的版面编排、超现实主义对于插图和版面的影响最大（见图 1-19~ 图 1-22）。

9. 装饰艺术运动时期（20 世纪初—20 世纪 60 年代）

装饰艺术运动的思想反对古典主义，主张机械化的美感。装饰艺术时期的版式设计作品重视强烈的原色和金属色彩，构图上采用大量的曲折线、呈棱角的面等，形式感相当强。

图1-19 立体主义代表作品——乔治•布拉克作品《在诺曼底》《弹吉他的人》《Castle at La Roche-Guyon》

图1-20 立体主义代表作品——毕加索的油画《亚威农少女》

图1-21 未来主义代表作品——马里涅蒂于1919年利用文字元素设计的海报《语言的自由》

图1-22 未来主义代表作品——阿登戈・索菲斯1951年设计的诗歌集中的一页

10. 现代主义设计运动时期（20世纪初—20世纪30年代）

现代主义设计运动的内容非常庞杂，其中包括精神上的、思想上的改革，也包括技术上的进步，特别是新的材料的运用。这场运动掀起了建筑、城市规划设计、环境设计、家具设计、工业产品设计、平面设计和传达设计等各个领域的设计革命。主要包括俄国“构成主义”运动、荷兰“风格派”运动和德国“包豪斯“运动（见图 1-23~图 1-27）。

11. 国际主义设计运动时期（20世纪50年代至今）

国际主义平面设计风格于 20 世纪 50 年代形成于联邦德国和瑞士，强调版式信息明确简单，传达功能准确，成为第二次世界大战后影响最大的平面设计运动。

国际平面设计风格的核心是设计并广泛采用无衬线字体，版式设计力图通过简单的网格结构和近乎标准化的版面格式达到设计形式上的统一。

图1-23 俄国构成主义设计运动代表作品——罗钦科设计的《左翼艺术》

图1-24 荷兰风格派大师蒙特里安的作品

图1-26 1923年拜耶设计的包豪斯展览目录封面，是欧洲第二次世界大战前形成的现代主义平面设计风格的集中体现

图1-25 1912年的《风格》杂志

图1-27 莫霍里·纳吉设计的《包豪斯丛书》书衣

二、东方现代版式设计的发展

从文化背景的起源来讲，中国、日本、韩国同属汉文化圈，三个国家的现代设计都从中国历史文化中吸取营养并结合本国文化而发扬光大，可以作为东方设计发展的典型代表。

1. 日本

作为现代设计强国中唯一的亚洲国家，日本从 1953 年前后开始发展自己的现代设计，不盲目地追随学习西方，既保留了日本传统民族风格，也学习外国现代设计风格。

日本保留了竖式排版方式，吸收了多种外来语来丰富书籍刊物版式设计上的表现方式和层次。日本的版式设计也呈现出两种不同的风格特征，一种是比较民族化的、传统的、温煦的、历史的风格（见图 1-28）；另外一种则是现代的、发展的、国际的风格（见图 1-29、图 1-30）。

图1-28 水墨晕染效果、红黑色系搭配和竖式排版相结合营造传统民族气氛

图1-29 日本平面设计之父龟仓雄策的海报设计作品，现代、简约、国际化

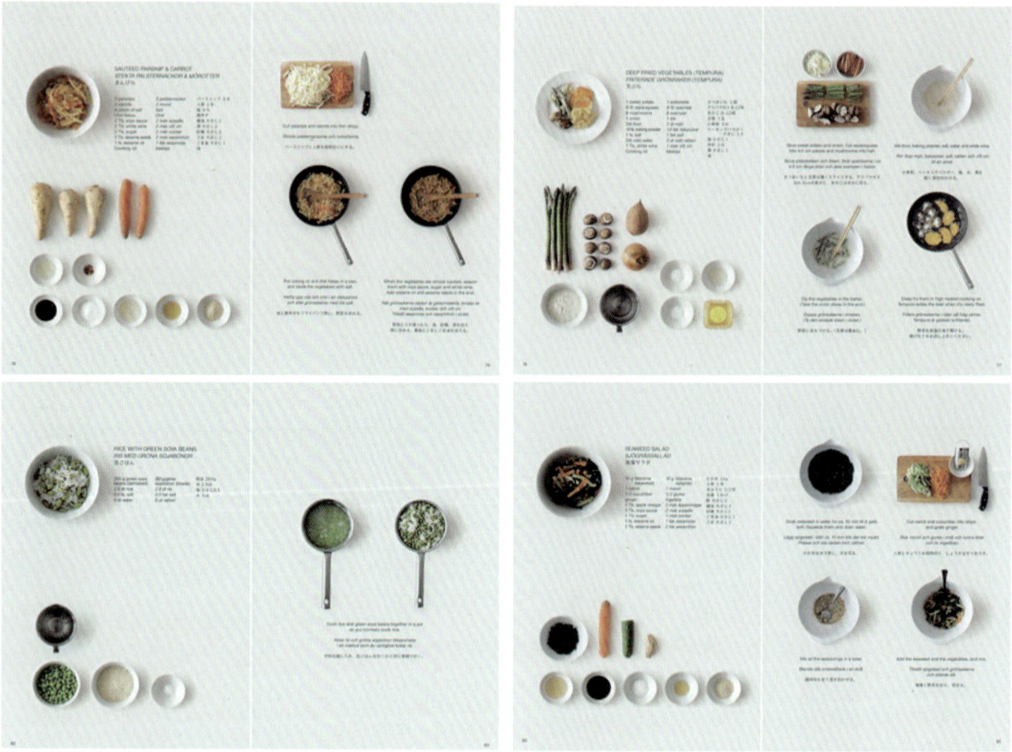

图1-30 日本江户川现代美食的系列版式。整体版式中运用日、英语言结合，版面规整有序，富现代感

2. 韩国

韩国自20世纪80年代晋升为“亚洲四小龙”之一，现代设计也伴随着经济飞速发展。韩国在版式设计中借鉴了日本设计的发展风格，但设计装饰感相对日本更强烈一些，如在设计中常用高纯度、高明度的色彩（见图1-31、图1-32）。

3. 中国

自五四运动以来，日本、西欧的版式设计概念被引入国门，使中国在原有悠久的版式设计艺术的基础上更向前迈进了一大步（见图1-33）。

中国在版式设计的发展上相对欧美及日韩慢，但在文字发展的历史上却源远流长。汉字是

图1-31 韩国广告招贴，版面色彩饱和度高，线条感强

图1-32 韩国广告招贴

世界上唯一的古代一直演变过来没有间断过的文字形式，这对中国版式设计的启迪作用是巨大的。

随着中国改革开放的深入发展，以靳埭强为代表的一批平面设计师将现代平面设计理念结合中国本土文化进行创新发展，至今中国版式设计已呈现出百花齐放的状态。在汉字文化中成长起来的中国平面设计师，能够从汉字中所蕴藏的深层文化含义中去探寻一些设计元素和灵感，演绎出融合传统与现代风格的版式设计作品（见图1-34~ 图1-36）。

图1-33 鲁迅为自己的小说《呐喊》亲自设计的封面，蕴含着设计语言的丰富性和象征性。在整个以红为底色的层面上，中间靠上是一黑方块沉沉地压在跳跃的红色上；在这一黑方块中，是鲁迅书写的红色书名“呐喊”

图1-34 香港设计师靳埭强的海报。风格极简，将极富中国特色的水墨元素融入其中，是现代风格和传统风格的完美结合

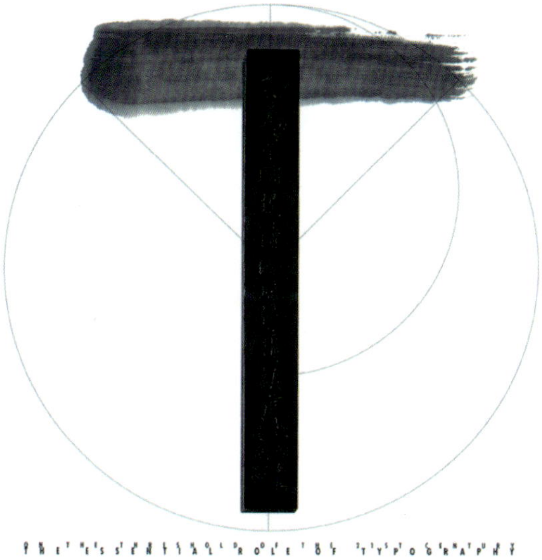

图1-35 香港设计师靳埭强的海报

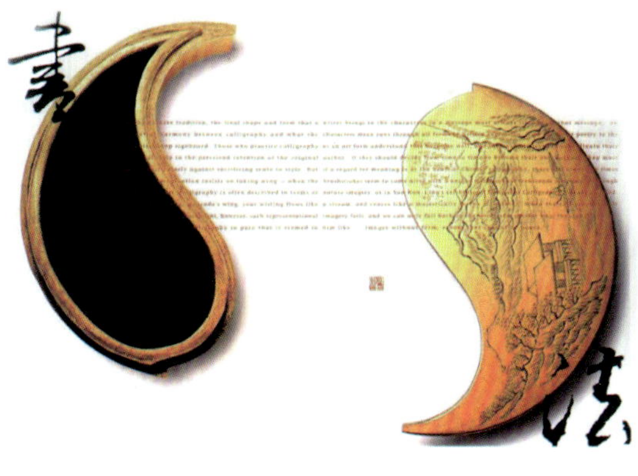

图1-36 香港设计师陈幼坚的平面设计。版面中阴阳太极切分对角排放，毛笔书法字体和英文字体相结合，中西结合得恰到好处

CHAPT

TER 2

第二章
版式设计基础知识

版式设计是一门相对独立的平面设计艺术，主要研究平面设计的视觉语言和艺术风格。版式设计是一切平面设计展现的基本形式，也是平面设计专业学生必备的专业能力及素质。

▶ 学习目标：了解版式设计的相关概念及学习目的；熟悉版式设计的设计领域；理解版式设计的指导思想及发展趋势。

▶ 学习重点：版式的设计形式。

▶ 训练学时：4 学时。

第一节 版式设计概述

从人类创造文字记录自己的思想开始，就出现了版式的设计。了解版式设计的学习内容，明确学习目的，有利于更好地掌握这门技术。

一、版式设计的相关概念

1. 版面与版式

版面即英文“format”一词，是指报刊书籍等的整页。

版式，指书刊等的版面设计格式。

版面主要强调页面的尺寸、规格、页面范围，而版式则更多强调设计风格及编排样式。

2. 版式设计

版式设计也称为排版设计或版面编排，是指将版面上有限的视觉元素——文字字体、图像图形、线条、表格、色块等，按照美的形式法则进行有机的组合编排；并将理性思维以视觉形式艺术地传达给受众。

版式设计是一种具有个人风格和艺术特色的视觉传送方式，需要将艺术构思与编排技术相结合（见图 2-1~ 图 2-4）。

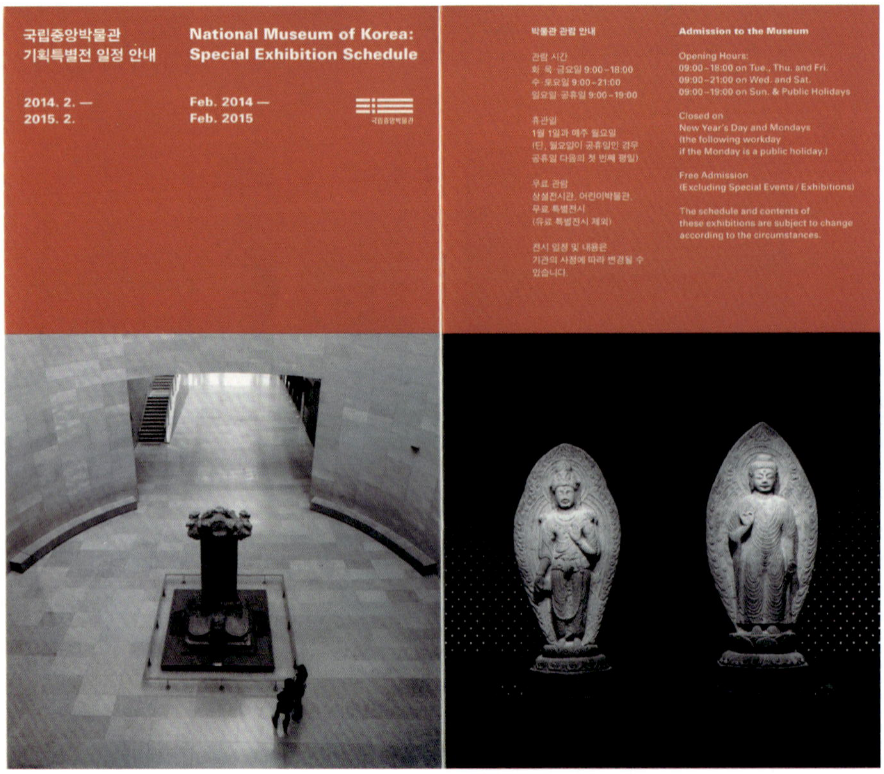

图2-1 首尔国立博物馆宣传册

120 ml
Vnr 02 61 59
Nyodex® 75 mg/ml
koncentrat
till gurgelvatten
povidon, joderad
För lokal behandling av
lindriga förkylningssymptom
i munhåla och svalg.
Läs bipacksedeln före
användning.
Miwana
Renässans
Mot torrhosta
LINDRAR
Coldy
Halsspray
NYHED
ORIFARM
RENÄSSANS
TORRHOSTA

图2-2 药品包装图

INFASHION
ASIA-PACIFIC WEEKS BERLIN
SEPTEMBER 20th TO 22nd 2007
20 UPCOMING DESIGNERS FROM JAPAN, CHINA, THAILAND, INDONESIA, VIETNAM, SINGAPORE, MALAYSIA, KOREA AND 20 MASTER COLLECTIONS OF THE BEIJING UNIVERSITY OF CLOTHING TECHNOLOGY PRESENTED IN EUROPE FOR THE FIRST TIME
CATWALKS . SHOWROOMS . SYMPOSIA
SHOWROOMS OPEN THURSDAY TO SATURDAY FROM 10 AM TO 6 PM . TWO CATWALKS ON THURSDAY AND FRIDAY AT 5 PM AND 9 PM . ONE CATWALKSHOW ON SATURDAY AT 8 PM AT KOSMOS . KARL-MARX ALLEE 131A . 10243 BERLIN
ACCREDITATION BY INVITATION ONLY! . WWW.FASHIONPATRONS.DE
KOSMOS

图2-3 德国街头的2007年亚太时尚周巨型招贴

图2-4 各类Gift Card封套

二、学习版式设计的目的

在大多数院校设计专业的课程体系中，版式设计都被作为重点的专业基础课程。这门课程的学习主要有以下两个目的。

1. 学习有效传达信息的编排方法

版式设计作为现代设计艺术，并不单纯以设计作为目的，更重要的是传达信息。在传达信息的同时，传达新思想、新观念、新技术、新材料、新工艺。设计是为了将信息更好地传递，体现主题内容的思想，增强信息的理解力。版式设计与阅读媒介密切相关，每一种阅读媒介的产生都会产生版式设计的新变革。

2. 学习如何使用视觉语言传达思想

版式设计过程可分为构思、构图、素材处理与组织、制作、调整等阶段。所有需要被编排的文字、图形等均应被看作视觉构成元素，并以视觉语言的形式进行设计来传达主题思想。学习如何使用视觉语言传达思想，必须具备构成学的理论知识，如平面构成三要素的运用法则、形式美原理、色彩调和对比、立体构成原理、摄影摄像基础构图及图片后期处理技巧等，从而为掌握视觉语言设计方法奠定理论和实践基础（见图2-5）。

图2-5 《David Lynch》杂志系列版式设计

三、学习版式设计的重要性

版式设计本身的构成要素，无论是结构要素还是信息要素都是视觉传达各专业中不可缺少的重要部分。它将各种视觉元素结合起来，是各元素之间的“调和剂”，不管是在书籍装帧设计、招贴海报设计、网页设计中，还是在包装设计、企业形象设计中，版式设计都在发挥着不可替代的作用，在讲求跨界设计的学科融合背景下，掌握版式的设计方法变得愈加重要（见图2-6~ 图 2-9）。

图2-6 《Revista Art It》杂志

图2-7 韩国时尚杂志封面

图2-8 《One Day》电影海报

WILL SMITH
the PURSUIT of HAPPYNESS
COLUMBIA PICTURES PRESENTS
IN ASSOCIATION WITH RELATIVITY MEDIA
AN OVERBROOK ENTERTAINMENT ESCAPE ARTISTS PRODUCTION
A FILM BY GABRIELE MUCCINO 'THE PURSUIT OF HAPPYNESS'
THANDIE NEWTON AND INTRODUCING JADEN CHRISTOPHER SYRE SMITH
COSTUME DESIGNER SHAREN DAVIS MUSIC BY ANDREA GUERRA FILM EDITOR HUGHES WINBORNE, A.C.E.
PRODUCTION DESIGNER J. MICHAEL RIVA DIRECTOR OF PHOTOGRAPHY PHEDON PAPAMICHAEL, ASC
EXECUTIVE PRODUCERS LOUIS D'ESPOSITO MARK CLAYMAN DAVID ALPER TEDDY ZEE WRITTEN BY STEVEN CONRAD
PRODUCED BY TODD BLACK JASON BLUMENTHAL STEVE TISCH JAMES LASSITER WILL SMITH
DIRECTED BY GABRIELE MUCCINO
sony.com/Pursuit
PG-13 PARENTS STRONGLY CAUTIONED
SOME LANGUAGE
COLUMBIA PICTURES
Inspired by a true story.
CHRISTMAS 2006

图2-9 《当幸福来敲门》电影海报

第二节 出版物的版式设计常识

充分了解出版物的版式设计常识，是高效、艺术、规范地完成版式设计任务的基础，也是成品印刷前必不可少的工作。

一、开本

1. 开本的概念

开本指一张全张纸等分成的份数，即一张全开的印刷用纸裁切成多少份，就叫作多少“开”。以八开（8K）为例，就是指全开纸张能等分 8 份，即全开纸张的 1/8。开本大小对版式设计的内容和编排影响很大（见图 2-10 和图 2-11）。

2. 开本的设计

版式设计通常和印刷密不可分，任何形式的平面设计最终大部分都需要通过版面印刷得以实现效果。因此，版式设计的第一步应该是开本设计。

图2-10 以A组纸张为例，展示开本制订方法

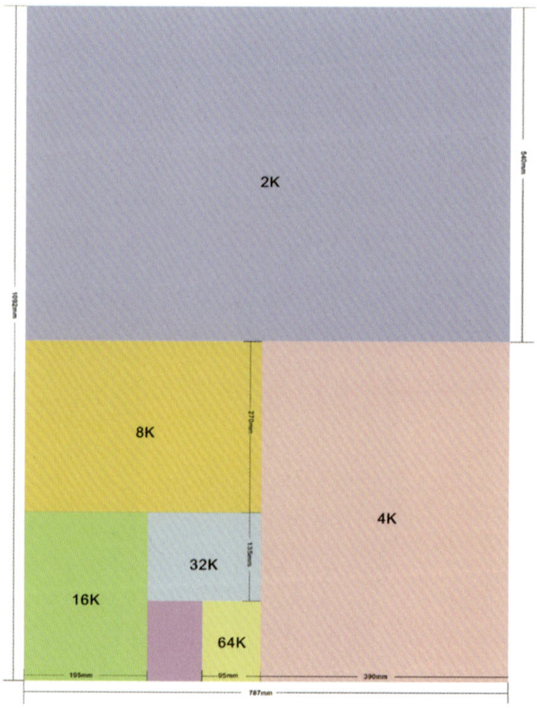

图2-11 以正度纸张为例，展示开本制订方法

（1）常见开本尺寸

常规的开本尺寸（打印纸张或复印纸）设置主要分为两种，一般当今世界上大多数国家所使用的开本，都以“A”“B”“C”来命名设置，这也是国际标准办公用纸的尺寸代号，该规格来自于国际标准化组织IOS216国际标准。办公用纸规格数字代号主要有“0~10”，常用的有0~6几档，即A0，A1，A2，A3，A4，A5，A6等，A系列的0号纸为841mm×1189mm，B系列的0号纸为1030mm×1456mm，纸张号越大，纸的面积越小，且数字与数字之间成2的倍数关系，如A3是A4的2倍纸张大小。

表2-1 常见开本尺寸 单位：mm

类别	A系列尺寸规格	B系列尺寸规格	C系列尺寸规格
0	841×1189	1000×1414	917×1297
1	594×841	707×1000	648×917
2	420×594	500×707	458×648
3	297×420	353×700	324×458
4	210×297	250×353	229×324
5	148×210	176×250	162×229
6	105×148	125×176	114×162
7	74×105	88×125	81×114
8	52×74	62×88	57×81

书籍印刷用纸张的开本通常用“K”来命名设置，在尺寸上和A，B尺寸略有差异，一般分为三种类型：大型开本、中型开本和小型开本。12开以上为大型开本，16~36开为中型开本，40开以下是小型开本。对一本书的正文而言，开数与开本的含义相同，但以其封面和插页用纸的开数来说，因其面积不同，含义也不同。通常将单页出版物的大小，称为开张，如报纸、挂图等分为全开（即原开）、对开、四开和八开等。

表2-2 书籍印刷用纸开本 单位：mm

纸张尺寸			常见印刷成品尺寸	
	大度纸张	正度纸张	大度成品尺寸	正度成品尺寸
原开	889×1194	787×1082	860×1160	760×1060
2开	590×880	540×780	580×860	760×530
3开	395×880	360×780		
4开	440×590	390×543	420×570	530×375
6开	395×440	360×390		
8开	295×440	270×390	285×420	375×260
16开	220×295	195×270	210×285	260×185
32开	220×145	195×135	140×210	185×130
64开	110×145	135×95	130×100	120×80

（2）常见平面商务设计开本类型

根据印刷品的用途和功能不同，纸张的开本规格和材质也不尽相同，常见的平面印刷品通常有固定的开本设计规格，但过于常规或标准的尺寸，也会缺乏形式感。

表2-3　　平面商务设计开本类型　　单位：mm

序号	纸张品类	规格
1	招贴、海报	540×380；420×570；285×420
2	宣传单页、普通宣传册与单页	210×285
3	二折页	95×210（成品尺寸）；190×210（展开尺寸）
4	三折宣传页	210×95（成品尺寸）；210×285（展开尺寸）
5	手提袋	400×285×80
6	名片	横版：90×55；85×54
7		竖版：50×90；54×85
8		方版：90×90；90×95
9	IC 卡	85×54
10	文件封套	220×305
11	信纸、便条	185×260；210×285
12	小说、一般书籍	140×210；140×203
13	银行卡	85×55

开本是一种视觉语言，本身就具有直接的传播性。印刷品的开本类型能给读者留下首要视觉印象，设计时应考虑版式风格、设计主题及受众特点。如针对沉稳的商务男性设计的红酒样本，开本可以选择较为正式常规的 A4 尺寸，纸张选择上可以选择克数较重的哑粉纸来彰显产品的品位；又如针对婴幼儿的读物，则可以选择开本尺寸偏扁方的布类材料进行设计，还可进行立体折纸设计（见图 2-12）。

图2-12 国外婴幼儿采用非常规尺寸和廓形进行的书籍设计，便于读者抓握，吸引受众

二、版心

确定开本尺寸以后，要确定版面中放置的版面要素，这些要素的总和叫作版心。

进行书籍等出版物的版式设计前，要在一个版面里上下左右都留有一定的空白，分别为天头、地脚、订口、切口。这四个称谓分别对应页面上方的留白距离、页面下方的留白距离、页面内侧装订边留白距离、页面外边缘的留白距离。留白区域确定下来后，版心也就确定下来了，如无特殊设计要求，所有需要编排的文字、图片等就应该在版心内完成（见图 2-13）。

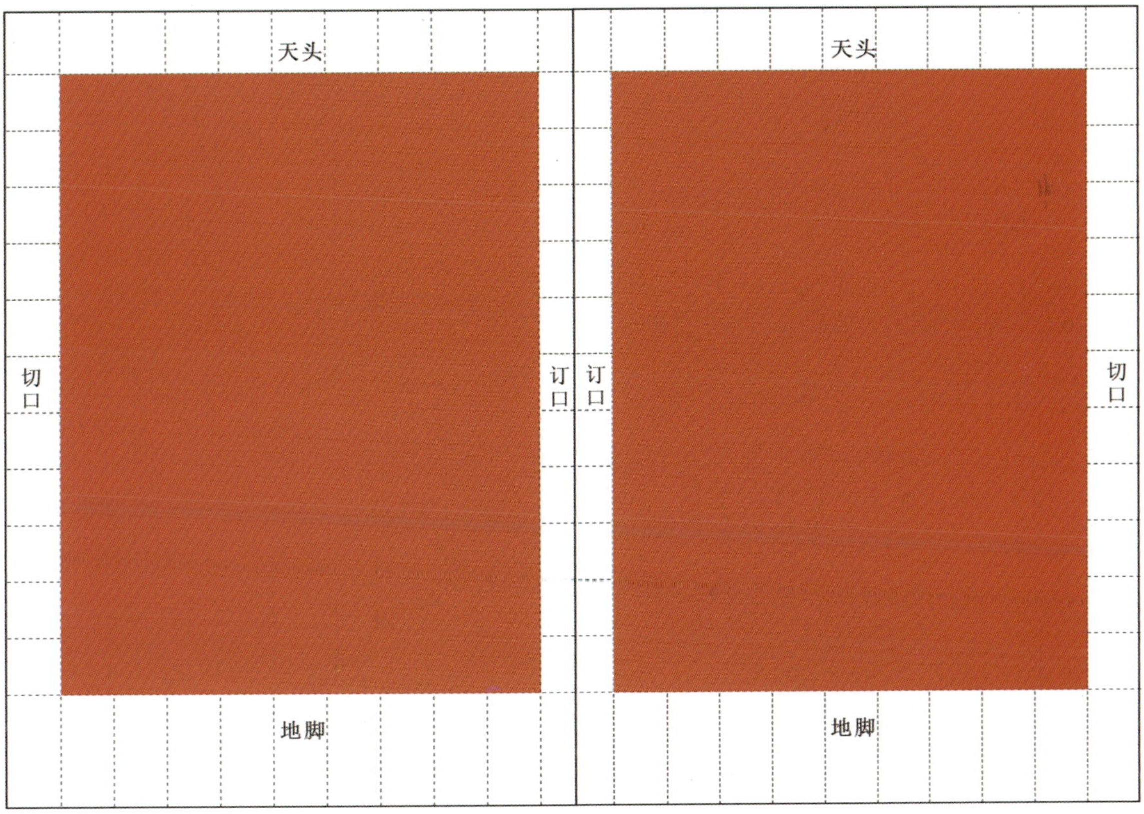

图2-13 红色区域即为版面中的版心

三、版面率

版心所占面积与整体版面的比例叫作版面率。版面率越大，版面中的相关图片、文字信息量就越大，反之，版面率越小，页面信息内容就越少（见图 2-14~ 图 2-16）。

四、图版率

版面中图片所占面积的比率叫作图版率。

当版面确定下来以后，接下来就是要进行版心中具体内容的编排工作。版面中如果只有单纯的文字，那么整个的版面只具备阅读功能，如果加入图片、图形等相关元素，那么版面就具备除了阅读性以外的观赏性。因此，版式设计各要素之间的比例关系至关重要，直接影响版式的整体效果（见图 2-17~ 图 2-19）。

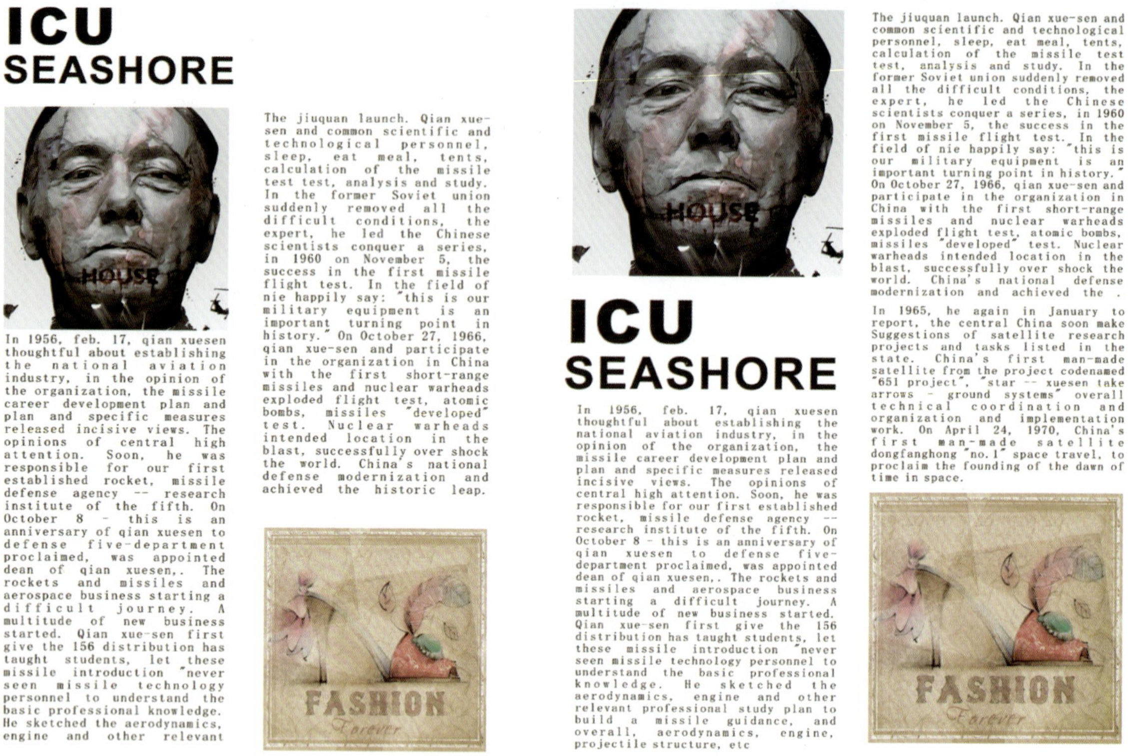

图2-14 版面率高低不同产生不同的心理内应，左图版面率低，呈现空旷冷静的效果，右图版面率高，给人充实拥挤的感觉

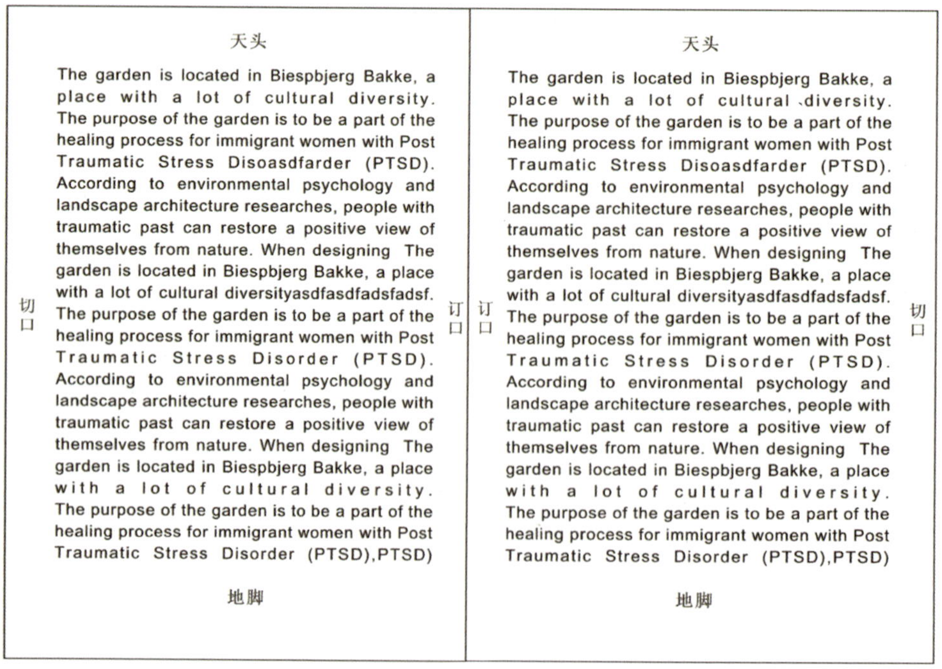

图2-15 由JONJJI.AREN.ANUIN公司的《Clossary ogthe book》所设定的版面标准比例为订：天：切：地比率为1：1.5：2：3或者比3更大的比率来进行设计

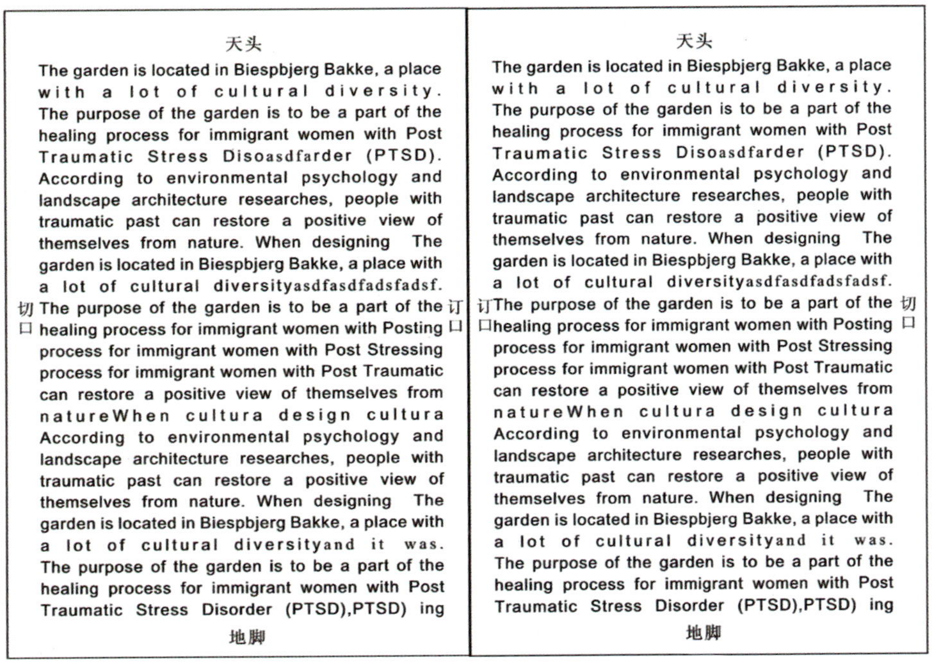

图2-16 在英文的排版过程中，已经有了传统的版面设计标准。这是威廉·莫里斯所提倡的标准，订：天：切：地比率为1：1.1：1.44：1.73

图2-17 与左侧的页面相比，右侧页面中的图片被色块覆盖后又加以文字附着，整体的图版率比左边图片低，整体的版面感觉左侧要更为冷静和概括，右边的版面则因为图版率降低而变得紧凑热闹

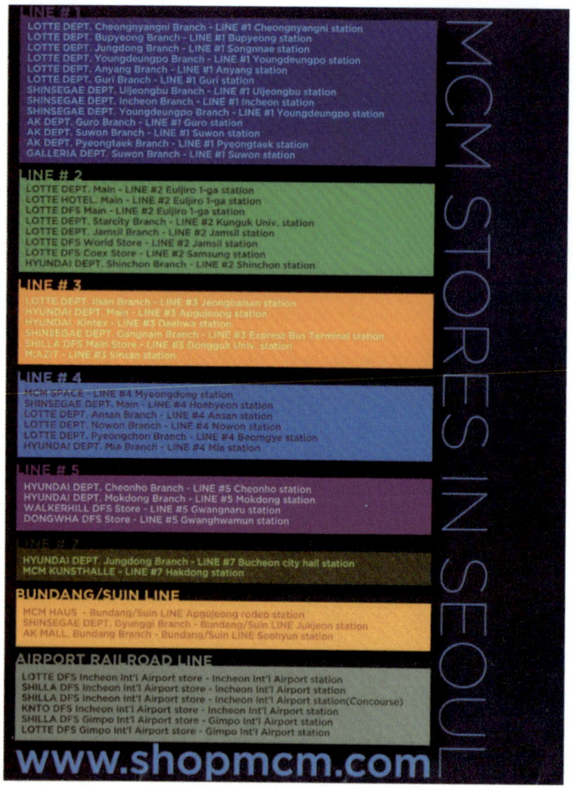

图2-18 首尔MCM商店购物导视图，色块的加入减少版面因文字内容过多而造成的枯燥感

图2-19 世界著名食品饮料品牌DANON企业宣传册，页面有大量的文字信息而占用图片面积时，在版面中加入色块同样可以提高图版率

第三节 版式的设计形式

版式设计的主要目的就是有效地进行信息传达，跟视觉媒介相关联的设计领域都应该属于版式设计范畴。视觉传达领域中版式的主要设计形式包括广告设计、书籍装帧设计、包装设计、网页设计等。在跨界设计领域中将会蕴含着版式未来的设计趋向。

一、报纸

报纸是最为传统的平面纸媒，也是最为基本和初期的版式设计的载体之一（见图 2-20）。报纸版式中有大量的文字信息，刊载内容一般是新闻和时事评论，受众群体为公众人群且受众群体数量广泛。

图2-20 韩国旅游类报纸——韩游通第一版设计，通常版面率较高引起读者的注意

二、杂志

杂志的版式设计分为封面和内页两部分，封面设计主要讲究视觉张力的凸显和重要信息的概括化体现，因此常见的版式多以满版型构图配置文字，封面会选择较有视觉张力的图片，以最快的速度吸引读者。内页的版式则非常丰富，形式也很多元，是较具创意的版式设计载体（见图 2-21、图 2-22）。

图2- 21 国外时尚杂志对于品牌Moschino的专辑介绍页

图2-22 国外时尚杂志Why not封面及内页版式设计，因为各页面的作用不同，在编排上也各有侧重

三、商品包装

商品包装版式设计，不同于传统的平面设计，它最终是以立体的形态展示版式设计效果的，因此它兼具二维和三维的设计特征。一般要包括品牌的名称、商标、标准色、标准字体、插画、图像、质量说明、使用说明、促销信息、产品成分等内容（见图 2-23、图 2-24）。包装的版面一般有前、后、左、右、上、下六个面，分别在版式设计中承载着不同的使命。

图2-23 Carnival of Animals CD包装

图2-24 希腊蜂蜜包装设计

四、书籍装帧

书籍装帧中的版式设计包括很多部分，各部分的版式设计要点不同。封面是对书籍内容简明扼要、知识性的预告，其版式设计的内容和形式应具有概括性。书籍的内页版式设计中，则必须遵从形式和内容相辅相成的原则，把握整体（见图 2-25）。

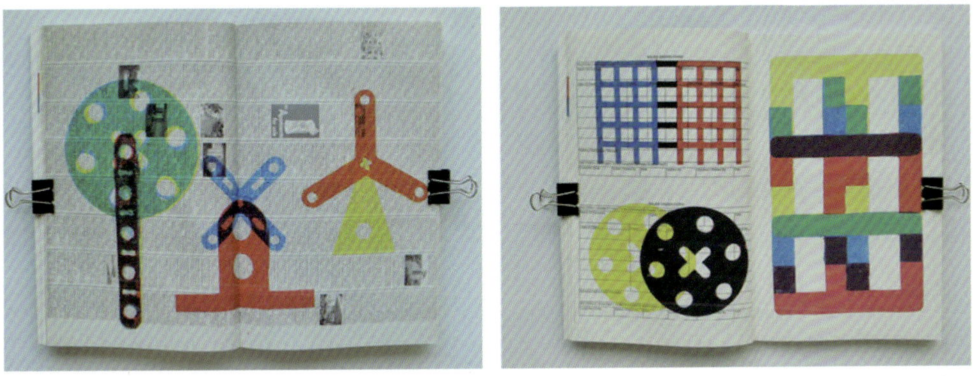

图2-25 书籍设计

五、型录设计

型录具有很强的针对性和目的性，版式设计的风格应符合企业文化形象，并达到促进商品销售的目的（见图 2-26~ 图 2-28）。

图2-26 丹麦儿童家居品牌FLEXA样本册

图2-27 名片设计

图2-28 HANASHOP折扣宣传单页

六、平面广告

平面广告版式设计一般以单幅或系列篇幅出现。平面广告版式的基本原则是设计不能像绘画创作那样以表现内心情感为首要目的，应以其商业目的为最终任务。版式编排的形式要独具特色，彰显个性，具有强烈的视觉效果。平面广告版式编排要紧密结合广告主题，明确广告策略，凸显商品特性（见图 2-29、图 2-30）。

图2-29 Charal招贴

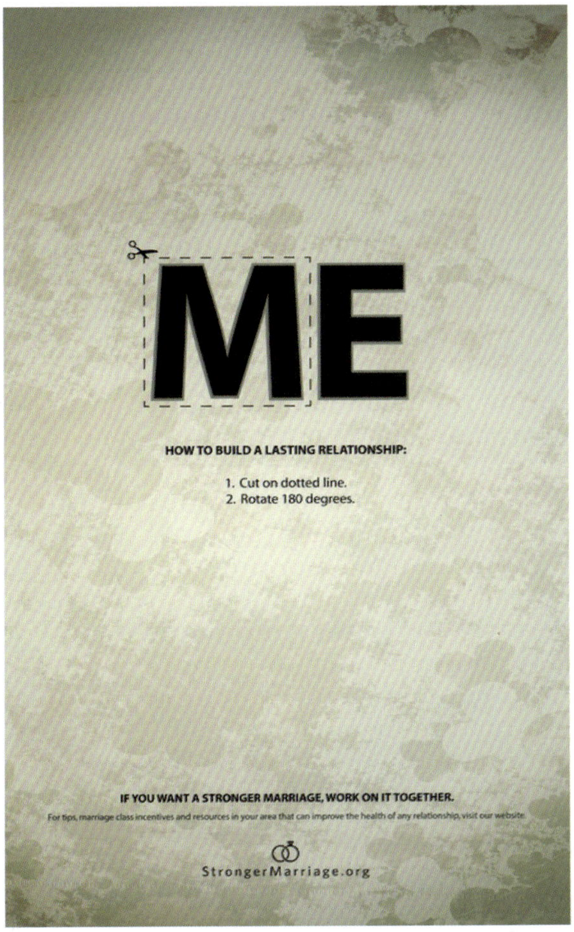

图2-30 以英文字母为主要版面元素的公益海报

七、交互界面

随着互联网的高速发展，交互界面在现代设计中越来越受到重视，这类版式有特殊的对应尺寸，如一般网页尺寸，电子杂志尺寸（对应IPAD、IPHONE 的尺寸），手机交互界面尺寸。针对不同的尺寸版式设计重点也不同，一般主页面与分页栏的关系是总分关系，因此在不同的界面设计时应该注意通过艺术视觉语言来表现高度的凝炼和分支的细节（见图 2-31、图 2-32）。

图2-31 网站the cool hunter主页

图2-32 手机交互界面——BABY APPLICATION PROCRAM

八、释解版式设计

释解版式可以包括：设计报告、PPT、展板等。这类版式一般说明性较强，传递信息量较大，为了让读者更直接快速地了解相关信息，一般会需要大量的图表辅助信息进行展示，因此，在这类版式设计中，图形、表格、色块、区域性是设计的关键词（见图 2-33、图 2-34、图 3-35）。

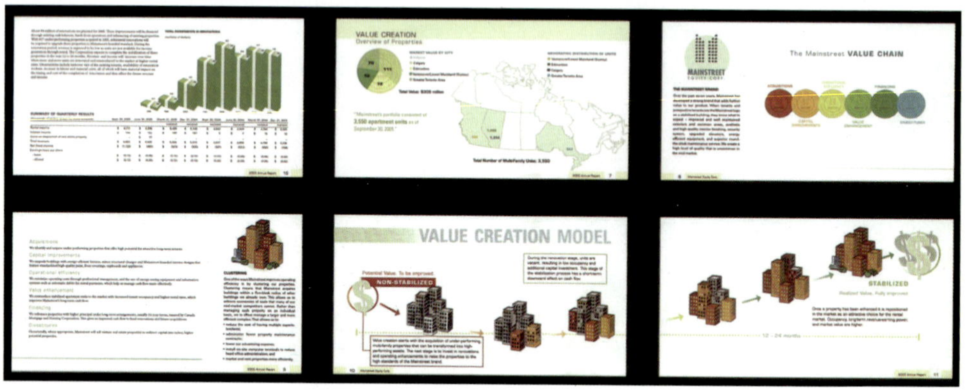

图2-33 Mainstreet equity公司年报

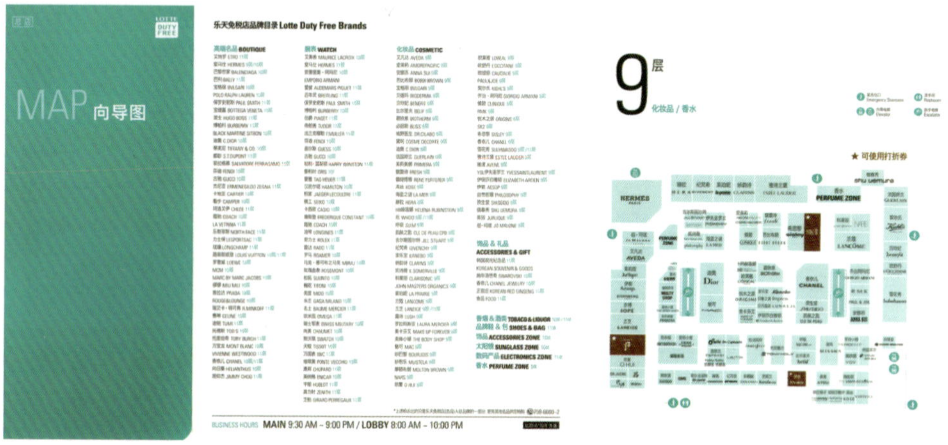

图2-34 韩国乐天免税店购物向导图（一）

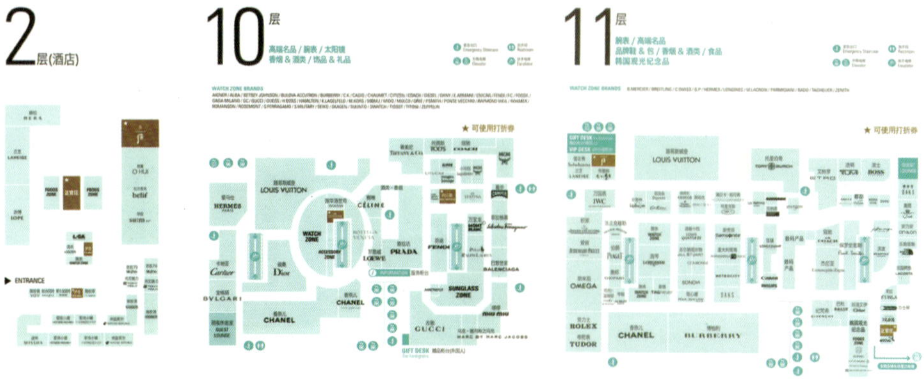

图2-35 韩国乐天免税店购物向导图（二）

单元练习 优秀版式作品欣赏

作业要求：选择 3~5 个优秀版式案例，从版式的文字、图形、色彩及整体编排效果等方面进行评析，写一篇 800 字左右的报告书（图 2-36~ 图 2-39）。

训练时间：4 课时。

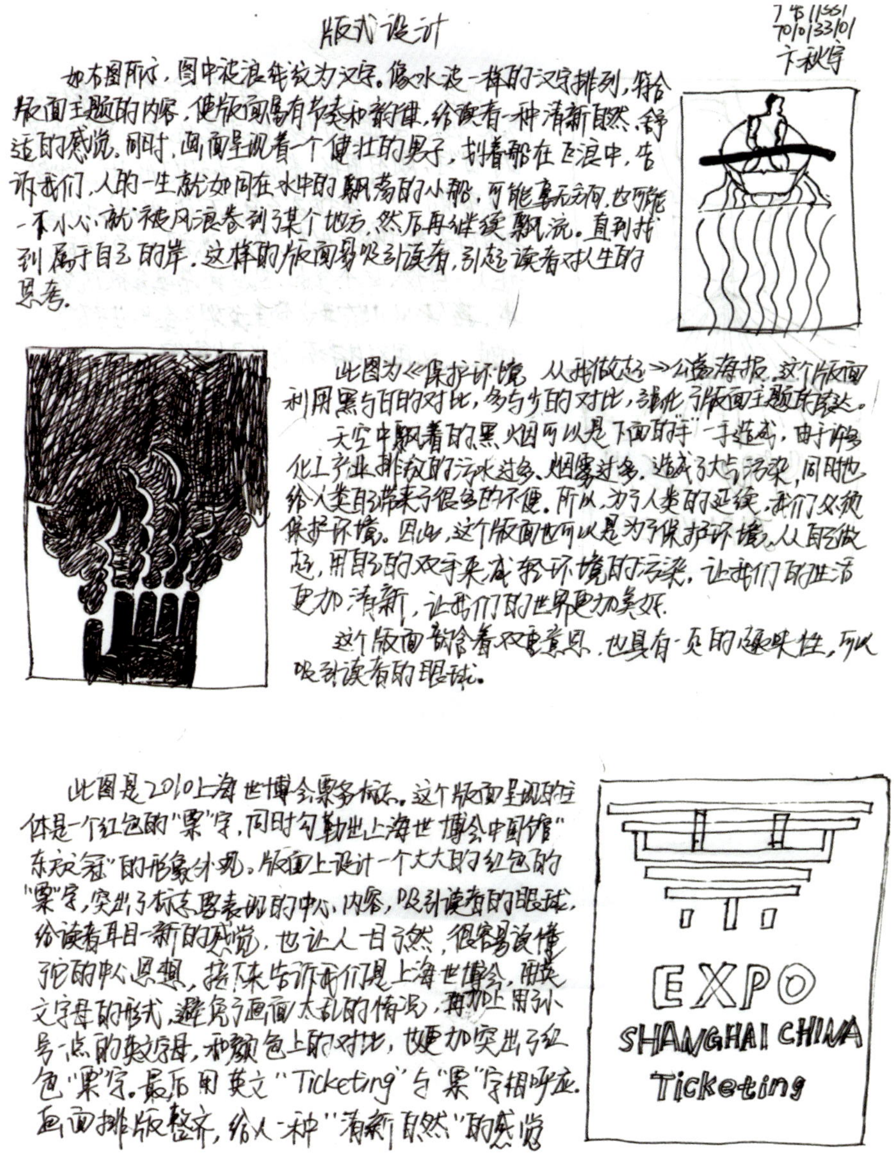

版式设计

7级11551
7010133101
卞秋宇

如右图所示，图中波浪线就为文字。像水波一样的汉字排列，符合版面主题的内容，使版面富有节奏和韵律，给读者一种清新自然、舒适的感觉。同时，画面呈现着一个健壮的男子，划着船在飞浪中，告诉我们，人的一生就如同在水中的飘荡的小船，可能毫无方向，也可能一不小心就被风浪卷到了某个地方，然后再继续飘流，直到找到属于自己的岸。这样的版面易吸引读者，引起读者对人生的思考。

此图为《保护环境 从我做起》公益海报，这个版面利用黑与白的对比，多与少的对比，强化了版面主题的表达。

天空中飘着的黑烟可以是下面的“手”一手造成，由于许多化工产业排放的污水过多、烟雾过多，造成了大气污染，同时也给人类的带来了很多的不便。所以，为了人类的延续，我们必须保护环境。因此，这个版面也可以是为了保护环境，从自己做起，用自己的双手来减轻环境的污染，让我们的生活更加清新，让我们的世界更加美好。

这个版面蕴含着双重意思，也具有一定的趣味性，可以吸引读者的眼球。

此图是2010上海世博会票务标志。这个版面呈现的主体是一个红色的“票”字，同时勾勒出上海世博会中国馆“东方之冠”的形象外观。版面上设计一个大大的红色的“票”字，突出了标志要表现的中心内容，吸引读者的眼球，给读者耳目一新的感觉，也让人一目了然，很容易读懂了它的中心思想，接下来告诉我们是上海世博会，用英文字母的形式，避免了画面太乱的情况，再加上用了小号一点的英文字母，和颜色上的对比，也更加突出了红色“票”字。最后用英文“Ticketing”与“票”字相呼应。画面排版整齐，给人一种“清新自然”的感觉

图2-36 优秀版式作业范例

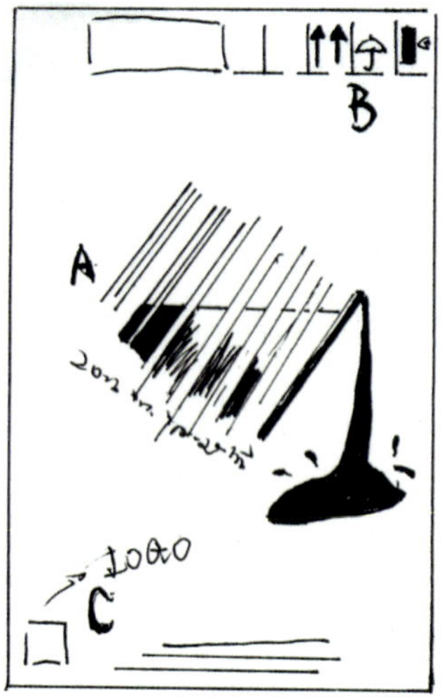

画面多采用线、面构成，简洁明了。画面以不断流出黑色液体的条形码作为主体，呈现出一种动态美，给人更好的视觉冲击，并深入地表现出超市较大的促销幅度，把顾客积极打动起来，购买更加经济实惠的商品。

A：用超市里商品中特有的条形码作为画面的主体，比较容易使人产生联想，从而达到宣传的目的。这种表现手法是比较独特和新颖的。

B．左下角及右上角的LOGO标志，对角排列，使画面不会显得太空洞，起到平衡画面的作用。

C．左下角的标志起到提醒的作用。

画面的主体是中央的大荧光笔，整幅画是灰黑色格调，黯淡无光。马路上一片黑暗，荧光笔的强光照亮了整个道路。并形成对比，中心的物体是重点，远近对比，明暗对比，更加突出了它的强大。画面上方的一排"NEVER GET LOST"也是起到一种宣传作用。

A：灰色的建筑暗淡深沉，给人无头绪、烦恼和迷茫失落的感觉。很好地起到了画面的气氛效果。

B．荧光笔散发的黄色光芒耀目强烈，给道路增加了明暗的效果。暗示在繁杂的街道上永远不会迷失方向。

C．右下角的文字和标志清晰有序，给主要的画面增加了简单感，起到补充说明的作用。

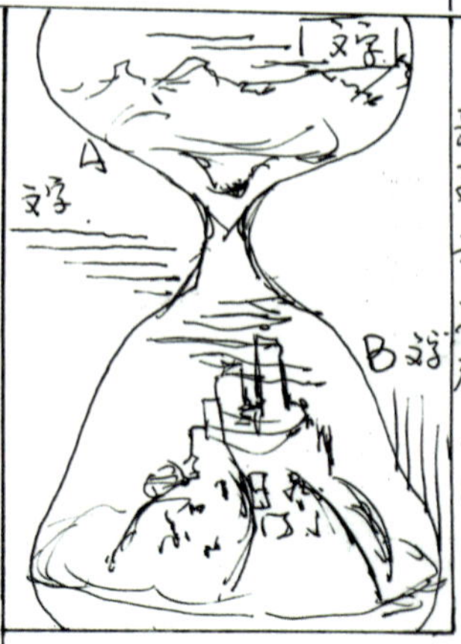

画面是一个沙漏。上面是冰川正在渐渐融化的形态。下面是绿色城市，环境优美而温馨。上面是冷，下面是暖，说明了现在全球面临的一个问题——全球变暖。文字部分主要告诫各政府及相关部门以及所有人类，地球现在面临着重大问题，人类要做好迎接问题和挑战的准备。作为一则公益广告版面，采用沙漏的形式起到了很大的说明能力，形象而且生动。

A．冰川渐渐融化直接点明宣传的主题，沙漏下面不断上升的海平面给人们以危机感，从而揭示出保护环境的重要性。

B．宣传文字比较小，但也是起到了补充说明的作用。如果全是图，没有文字的阐述，则会显得空洞而不实在。

广告71331　许丽梅

图2-37 优秀版式作业范例

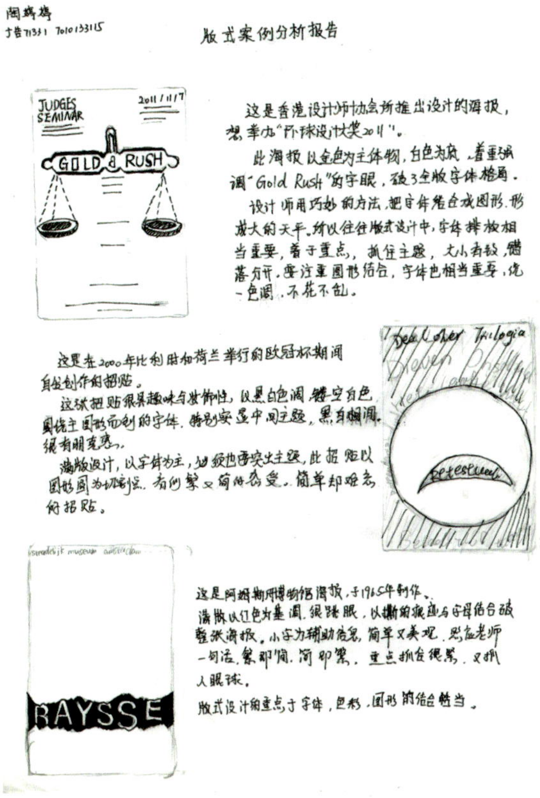
版式案例分析报告
JUDGES SEMINAR
2011/11/7
GOLD RUSH
这是香港设计师协会所推出设计的海报，
此海报以金色为主体物，白色为底，着重强调"Gold Rush"的字眼，破了全版字体格局。
一色调，不花不乱。
Trilogia
这是在2000年比利时和荷兰举行的欧冠杯期间自发创作的招贴。
的招贴。
RAYSSE
这是阿姆斯特丹博物馆海报，于1965年制作。
人眼球。
版式设计的重点于字体，色彩，图形的结合恰当。

图2-38 优秀版式作业范例

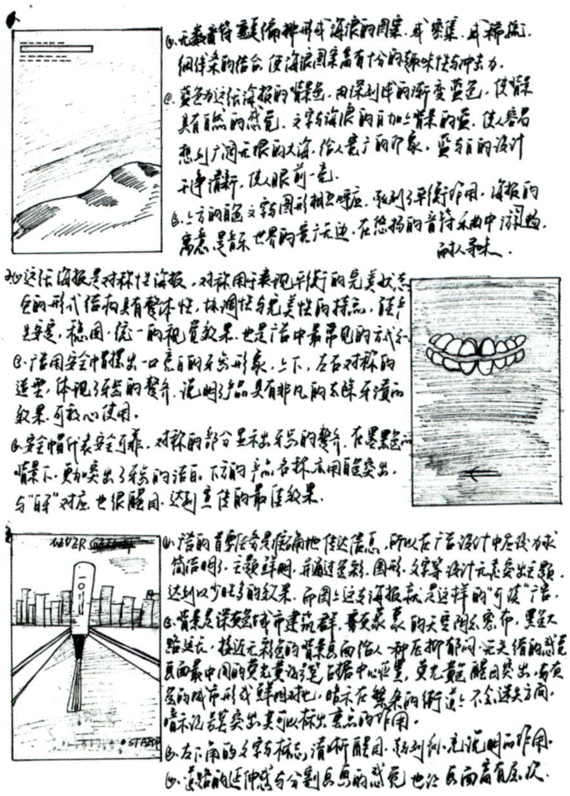

图2-39 优秀版式作业范例

CHAPT

TER 3

第三章
版式设计的视觉要素

文字、图形、色彩是版式设计的三大视觉要素，版式设计就是对这三要素进行协调统一，并进行艺术性的编排过程。

- **学习目标**：理解版式设计三大视觉要素的造型原理；了解点、线、面构成关系在版式编排中的体现形式；能够将文字、图形及色彩在版式中进行有效的设计与编排。

- **学习重点**：把握具体设计内容与形式表现之间的关系；文字与文字、文字与图形之间整体与局部的构成关系。

- **训练课时**：16 学时。

第一节 文字

文字既是语言信息的载体，又是具有视觉识别特征的符号系统；不仅表达概念，同时也通过诉之于视觉的方式传递情感。文字是对版式主题内容的必要阐释和意境的延展提示，它的设计与编排是版式设计的重要组成部分，对书刊、广告、型录、包装等各种版式的视觉传达效果有着直接的影响。

一、计算机字体的基本知识

1. 字体

字体在书法和印刷领域是指文字的式样，是文字的外在形式特征和风格。计算机中的字体种类众多，印刷品中常见的中文字体有宋体、仿宋体、黑体、楷体等，常见的拉丁字体主要是无衬线字体。

2. 字号

字号是表示字体大小的术语。计算机字体的大小，通常采用号数制、点数制和级数制的计算法。

印刷文字有大小的不同变化，排版及图像处理软件中汉字字体大小的计量目前主要采用印刷业专用的号数制和点数制。其尺寸规格以正方形的汉字为准（对于长或扁的变形字，则要用字的双向尺寸参数）。

（1）号数制

汉字大小定为七个号数等级——按 1 号、2 号、3 号、4 号、5 号、6 号、7 号，由大至小排列。在字号等级之间又增加一些字号，并取名为“小几号字”，如“小 4 号”“小 5 号”等。号数制仍是目前表示字体规格最基本的方法。

（2）点数制

这是目前国际上最通行的印刷字体的计量方法。这里的“点”不是计算机字形的“点阵”的意思，“点”是国际上计量字体大小的基本单位，从英文“Point”翻译而来，一般用小写“p”来表示，俗称“磅”。1 磅≈ 0.35 毫米，1 英寸 = 72 磅。从人们的阅读舒适度来讲，版面中正文的字号最小不得小于 8 磅（见图 3-1、图 3-2）。

（3）级数制

级数制是手动照排机实行的一种字形计量制式，按这种机器上控制字形大小的镜头的齿轮移动定级，每移动一个齿为一级，并规定 1 级 = 0.25mm，1mm=4 级。有不少电子排版系统在字形大小上也支持级数制。我国对于级数制有国家标准，即 GB 3959—83。

版式设计	12pt	宋体
版式设计	14pt	黑体
版式设计	18pt	微软雅黑
版式设计	24pt	造字工房尚黑体

图3-1 不同字体与不同字号

版式设计	12pt	宋体
版式设计	14pt	宋体
版式设计	18pt	宋体
版式设计	24pt	宋体

图3-2 同一字体与不同字号

3. 字距与行距

字距即字符与字符之间的距离（见图 3-3），行距即文字行与行之间的距离。行距和字距会影响阅读的流畅性，如果字行比较长，行距就应该加大，否则容易阅读串行。同一版式中，行距通常要大于字距，行距为正文字号的 1/3~2 倍都属于编排的合理范围（见图 3-4）。如果考虑文字传达的具体内容和阅读者的年龄等情况，行距与字距的标准也会发生相应的改变（见图 3-5~ 图 3-7）。

字距与行距是文字编排中的细节设计，在追求风格的版式中是有着较大潜力的设计点（见图 3-8~ 图 3-10）。比如，将版式中的一行字体使用多种字距，或使几行文字采用不同的行距，都可以达到个性化编排的目的。在很多广告版式中，通过将文字的字距、行距拉大；压扁或不留字距、行距进行交叉重叠排列来达到夸张的视觉效果（见图 3-11~ 图 3-16）。

图3-3 中文字距与英文字距

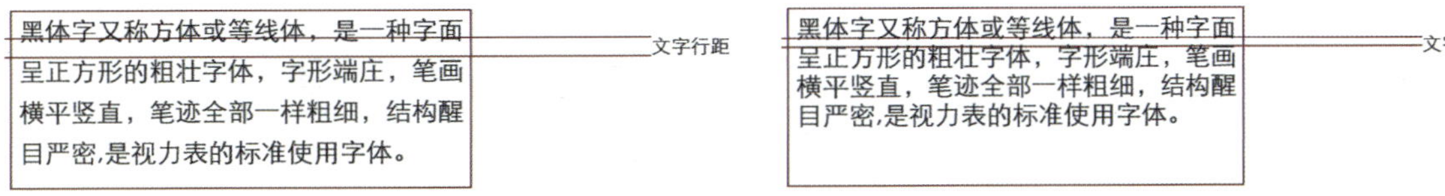

图3-4 文字行距松紧对比

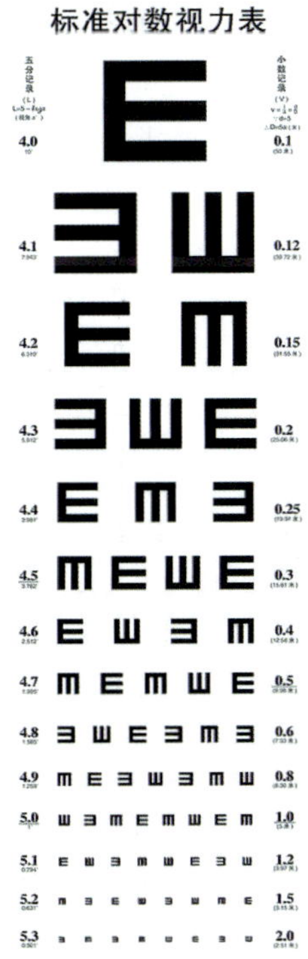

图3-5 黑体字又称方体或等线体，是一种字面呈正方形的粗壮字体，字形端庄，笔画横平竖直，笔迹全部一样粗细，结构醒目严密，是视力表的标准使用字体

图3-6 儿童读物的文字字号及行距设置相对较大

图3-7 儿童读物

图3-9 韩国国际生态平面设计双年展“破碎的绿色”及年度论坛海报设计（二），具有杂乱肌理的文字用无规则的字距及行距进行编排，显示出对生态现状的沉重反思

图3-8 韩国国际生态平面设计双年展“破碎的绿色”及年度论坛海报设计（一），具有杂乱肌理的文字用无规则的字距及行距进行编排，显示出对生态现状的沉重反思

图3-10 韩国国际生态平面设计双年展“破碎的绿色”及年度论坛海报设计（三），具有杂乱肌理的文字用无规则的字距及行距进行编排，显示出对生态现状的沉重反思

图3-11 韩国音乐网站，文字行距的疏密变化体现出流行音乐的奔放动感

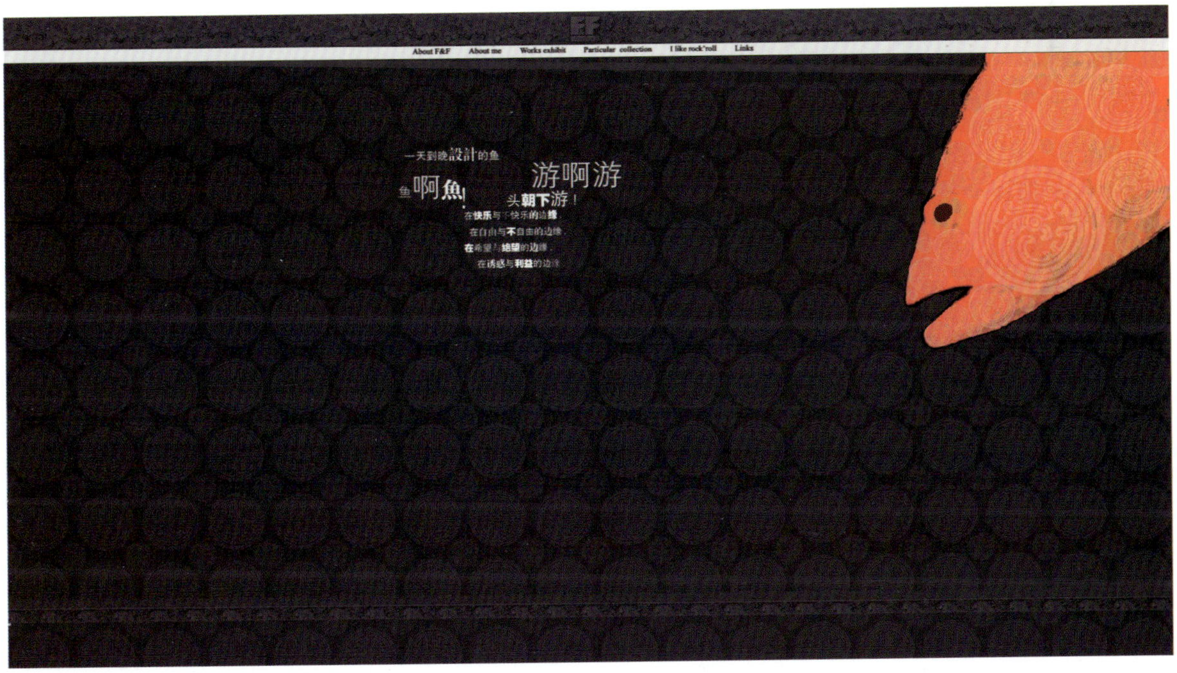

图3-12 个人网站的首页设计，利用同行文字不同大小、不同字体的对比体现出跳跃、自由的个性主题

图3-13 荷兰Attak工作室作品（一），打破常规的文字编排，手法自由多变，为版式夸张风格的营造起到了重要作用

图3-14 荷兰Attak工作室作品（二）

图3-15 文字不但字距和行距进行随意感的设计，连字体都出现粗细变化，通过三个曲别针形成三角形构图，在看似随性的编排中较好地把握了版式的稳定感

图3-16 标题文字与说明文字进行穿插编排，在大小及色彩明度上进行对比，间接强调了标题内容的首要视觉层次

二、文字在版式中的点线面构成关系

文字是版式设计的重点，也是难点。在版式中出现的文字，在满足其不同程度的阅读功能的前提下，应遵循构成知识体系的指导原则，将其在点、线、面的构成关系之中进行编排和处理。

1. 点

版式中的视觉元素，拥有越小的体量感越容易在版面中形成点的感觉。在版式设计中，文字的点构成形式和手法多种多样，既可以突出一个字的点构成效果，也可以将一团字有意识地进行点构成，甚至可以将一行字拉开行距进行串点效果的编排（见图 3-17~ 图 3-20）。

2. 线

具有延伸视觉效果的元素能给人带来线条感。版式中具有连续阅读要求的文字被处理成线构成的编排效果，以保证读者的阅读舒适感（见图 3-21~ 图 3-23）。

3. 面

版式中通常会将正文层次的文字编排成由线组面的效果。一般情况下，当文字的可读性十分必要时，面形的构成感会比较均衡、规矩；但当文字不被作为信息传达的重点时，面构成的形式感会更多地起到美化版面和突出风格化的作用（见图 3-24 和图 3-25）。

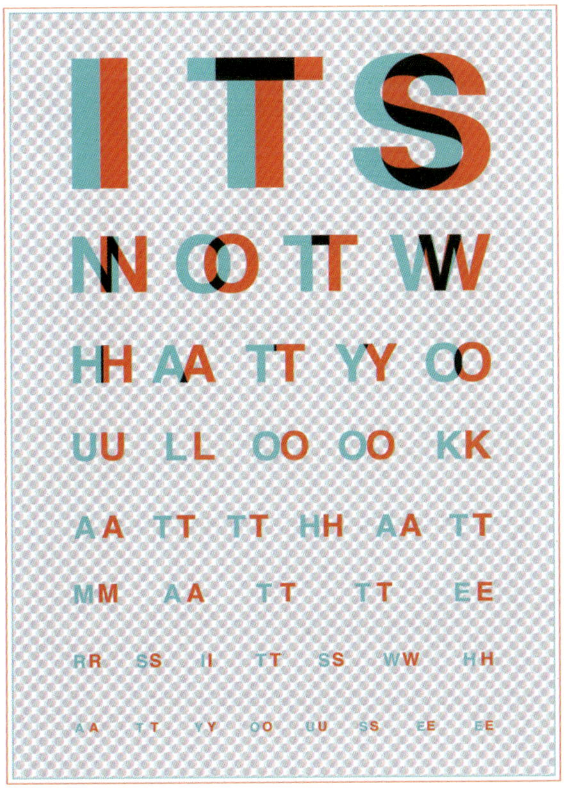

图3-17 Bex Slack作品——《3D SELF PROMOTION / EXHIBITION CAMPAIGN》海报设计

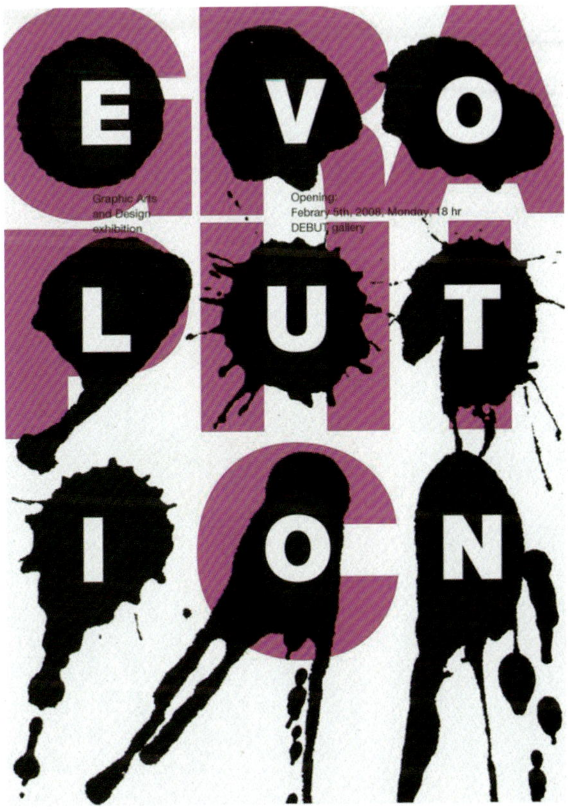

图3-18 作品均采用将文字大幅点构编排形式，并通过双层文字营造出强烈的立体效果

图3-19 Saint Paul作品——《nyMusikk annual report 2012》年度报告设计，数字的布局及色彩呼应在版式中形成点构关系

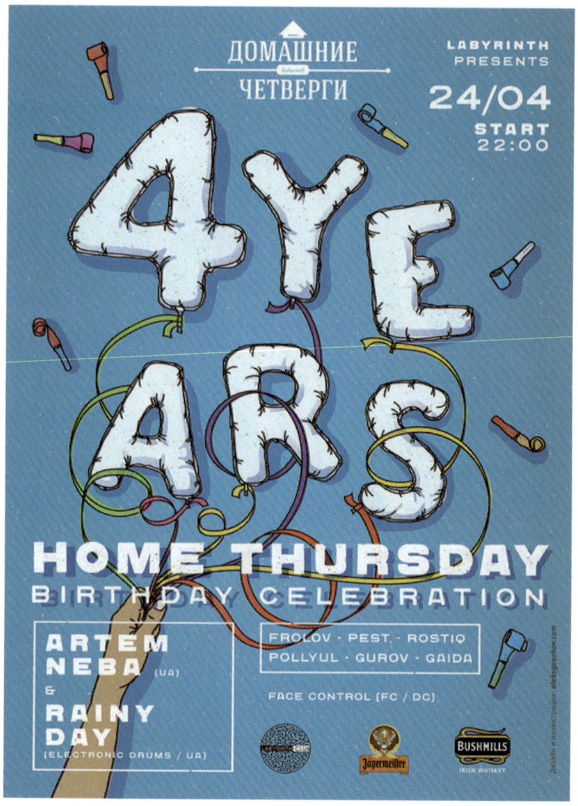

图3-20 将“4YEARS”通过点构形式排列的动感十足，体现轻松活泼的主题风格

图3-21 经过设计的手写字体，围绕着具有纵向延伸感的图形进行编排，形成图文的呼应关系，增加了版式的线条感

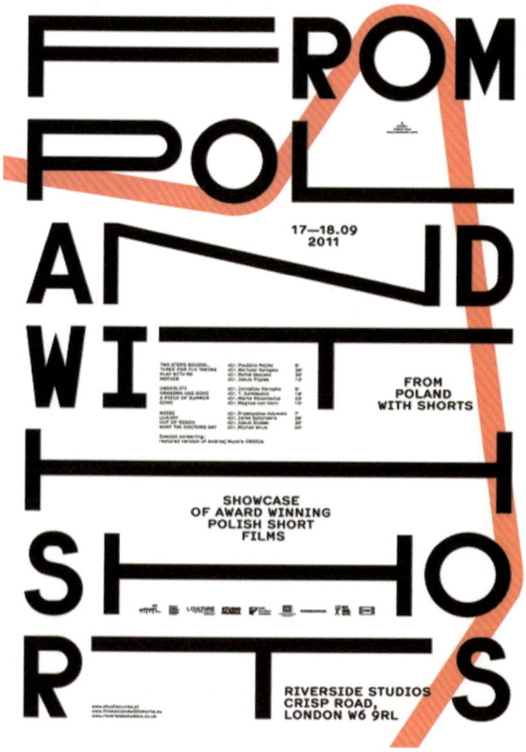

图3-22 Edgar Bak作品，通过文字的线条设计突出了版式线构成关系，具有较强的装饰性和节奏感

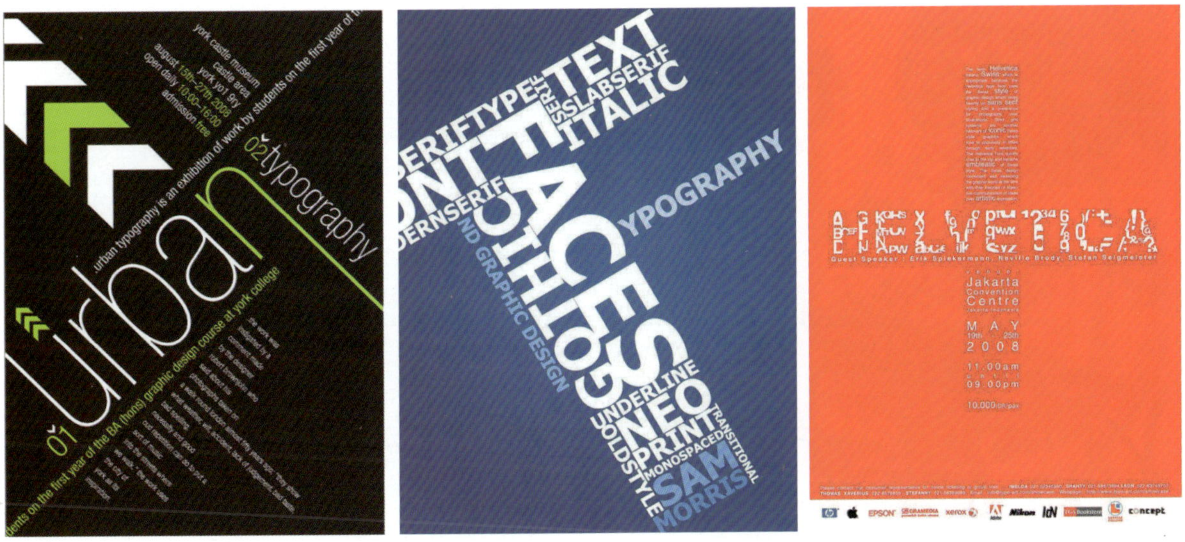

图3-23 三张版式中均体现出文字通过十字形交叉编排及文字大小、字型变化形成的粗细线条，在没有主要图形的情况下仍能保持较强的视觉冲击力

图3-24 文字在编排方向、编排节奏及重构形式上进行设计，均可在版面中形成稳定的面构成关系（一）

图3-25 文字在编排方向、编排节奏及重构形式上进行设计，均可在版面中形成稳定的面构成关系（二）

三、版式中文字的编排步骤与方法

版式中的文字在编排过程中，既要对其重新组合并进行视觉和色彩的再创造，又要考虑阅读者的视觉生理感受进行理性设计。

1. 分析文字内容，确定显示等级和层次

文字从信息功能的角度上进行划分主要可分为标题、副标题、正文、附文等类别（见图3-26）。在进行文字编排时，首先要分析文字内容，根据文字内容重要性的程度来确定显示等级和层次，以便更好地引导阅读。例如，需要突出文字标题，或对段首、行首的强调等（见图3-27）。

图3-26 版式中文字的各级信息层次

图3-27 版式中的文字通过不同字体和字号的设计来体现信息等级关系

2. 把握主题风格，选择合适的字体与字号

确定了文字的显示等级和层次之后，就需要进行字体和字号的选择了。面对电脑字库中的众多字体，选择符合版式主题风格的字体以及能清晰显示文字层次关系的字号是非常重要的（见图 3-28、图 3-29）。

对于大多数版式来说，图片由于其视觉张力比较大，往往成为版式的视觉中心。因此，如果字体形式变化太多样，不但在形式感上难以把控，更会干扰到版式的整体诉求重点（见图 3-30、图 3-31）。

每一个版式作品都会有一个设计主题，主题就是对版面设计形式和风格的限制及要求。比如化妆品的宣传单应体现时尚优雅；音乐会的 DM 要体现出高尚和旋律的动感，商品的优惠券要具有促销气氛……这些限制条件就是版式的情感基调，作为版式组成元素之一的字体，其风格必须要从属于这种基调，才能保证版式的整体性和协调性（见图 3-32~ 图 3-37）。

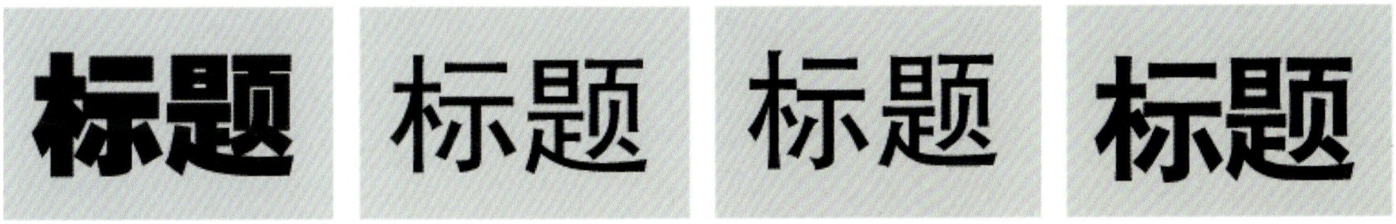

方正超粗黑简体　黑体　ADOBE黑体　长城大黑体

图3-28 常用的标题文字

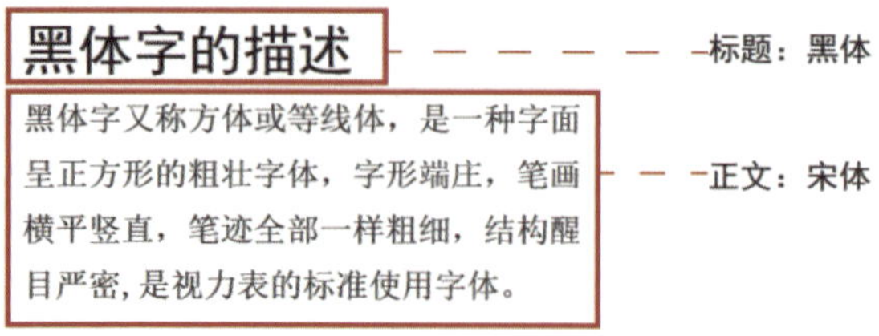

图3-29 文字内容较多时，常用的标题文字字体与正文字体

图3-30 版面中不宜选择过多的字体样式，图中版式尽管字体样式较多，但基本选择无衬线体，风格较为统一，没有干扰到版式的诉求重点

图3-31 图形信息比较丰富的版式中，文字的字体在保持较为相似的前提下可有细微的变化

图3-33 女性时尚商品的型录内页，巧妙地运用丝带与文字笔画的结合设计，体现出优雅时尚的主题风格

图3-32 可口可乐的贺岁广告，文字结合中国结进行重构设计，体现出春节的欢庆气氛

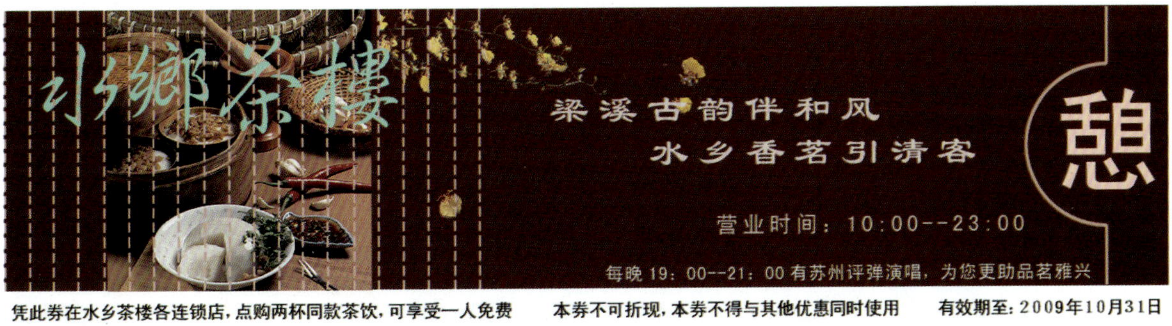

图3-34 标题层次的文字使用行书字体突出LOGO个性，正文层次的文字使用隶书以表达江南水乡古色、人文的品茗传统，附文层次的文字使用简洁的黑体进行清晰的说明与解释

图3-35 根据海底生物的色彩与活力自创与生命力相关的手写字体，采用明快的颜色与海底生物的形态重构“生之咏”的主题信息，而周边的正文信息围绕着“咏”字进行线型编排，体现随意中涌动着的自然生命力

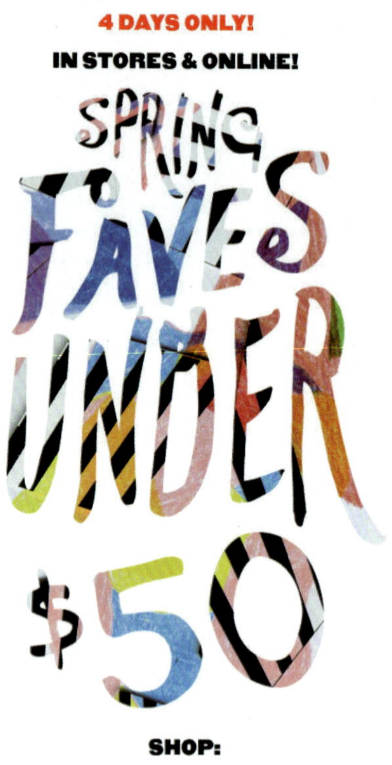

图3-36 服装店的促销招贴，使用衣服图片作为字体的填充肌理并对字形进行重构，体现出商店的促销气氛

图3-37 将中式的写意风格及书法笔触融入西式字母的骨骼外观中，体现出中西合璧、融会贯通的主题

3. 判断虚实空间，调整文字编排位置

版式虚实空间的含义与国画的构图观念很相似。国画的构图千变万化，但疏密是其构图的基本经营法则（见图 3-38）。疏密可使画面产生远近、主次等丰富的变化。潘天寿曾云："无疏不能成密，无密不能见疏，是以虚实相生，疏密相生，绘事乃成。"对于画面疏密的对比，邓石如生动地比喻为："疏可走马，密不透风。"国画中疏密其实和现代平面版式设计所重视的虚实是一个意思，都符合现代设计中"多就是少，少就是多"的理论。版面中的文字、图形图像、色彩这些元素可以被看作"实"，其余的一切留白、纯色、色彩信息相对较少的图形区或有较弱色彩对比的版面区域都可以被看作"虚"（图 3-39~图 3-41）。

设计好版面中的虚实空间关系，是能否进行好版式编排的重要前提。"实"元素的强调与突出正是由于"虚"元素的衬托才得以实现。经过推敲的虚实组合，才能使版式具有明确的视觉流程和舒服的阅读体验。

在版式设计过程中，常会有先排图再排文的情况，也就是先确定版面的构图形式或是进行图片定位，然后再来编排文字。这种情况就需要对版面虚实空间作出判断，研究显性的"实"元素和隐性的"虚"元素的比例关系，再来调整和确定文字的编排位置。一般情况下，虚空间是版面中剩余的流动空间，不但可以通过衬托作用来加强实空间的视觉冲击力，还可以通过二次编排来达到平衡版式的目的。很多版式会采用将文字排在虚空间的方法来保证版面中文字的可读性。

图3-38 齐白石的国画，留白不但营造出很强的空间感，还可以赋予广袤深远的意境，更可以不断拓展观者的思想广度

图3-39 2013年STOCKHOLM指南画册封面设计，利用图片的蓝天背景作为版式的虚空间进行层次分明的文字编排

图3-40 高饱和度色彩的插画版式，选择纯色区域进行文字编排，起到较好的强调作用

图3-41 画册封面设计，为文字编排特意设计的留白

四、中文字体与英文字体的编排区别

在众多可见的版式作品中，中文和拉丁语系文字的使用效率较高。两种文字在视觉外观上有着极大的差异，在版式的编排中应当重视这种差异，不要生搬硬套。

1. 字号的差异

由于在外观上汉字更倾向于“图形”化（图3-42），而英文更倾向于“组合”化（见图3-43），因此汉字的每个字都往往被设计成占据相同或几乎相近的空间范围（一个方块），英文则每个单词的长度都不相同。我们在计算机上进行文字输入时，往往会发现在同样字号的前提下，中文感觉要比英文紧凑（见图3-44）。另外，由于英文字符设计的基准位置是五条水平线，所以行高的占据会形成一定的错落感和节奏感。

因此，常规正文的字号在9p~12p为宜，其中9p~11p更适合拉丁字母，10p~12p更适合中文。

图3-42 具有图形感的汉字，在外观上呈方块形

图3-43 英文按五条基准线书写的格式

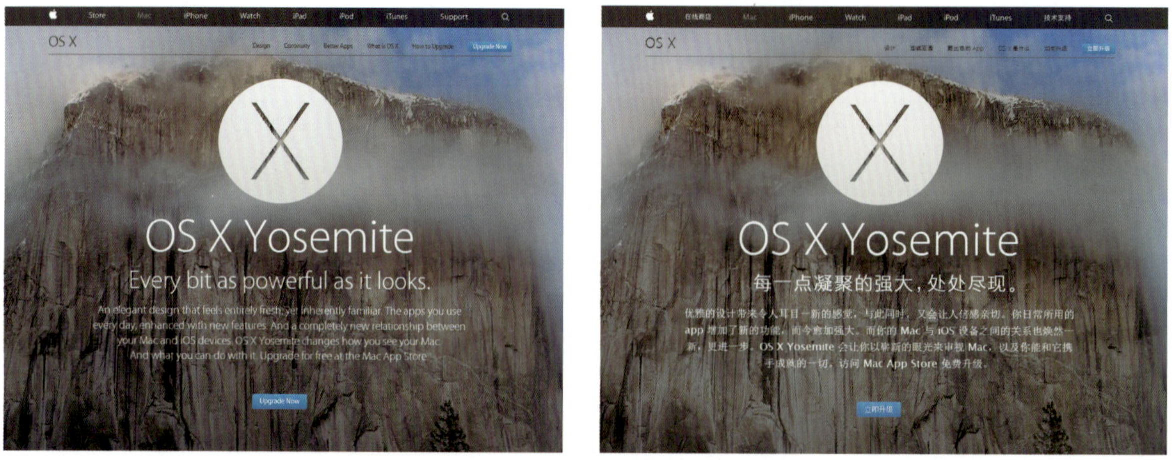

图3-44 苹果官网中英文界面，直接体现出两种文字的不同外观导致的编排差异

2. 编排的差异

（1）文字组合形式的差异

拉丁语系的文字，受其“组合”化拼写方式的限制，只能通过横排的方式进行传播。以英文为例，从字母到单词再到语句的组合过程中，会出现字母间距、单词间距以及由于标点符号造成的句间距，当然还有行距。这样种类丰富的间距效果，大大降低了文字密集出现所带来的紧迫感（见图 3-45）。

汉字一字一义，因此横排、竖排皆可。由于近代西方文化的强势介入，汉字在传播过程中也主要以横排为主。汉字在从字到词再到句的组合过程中，只会出现字间距、句间距和行间距。虽然只比英文组合少了一个字母间距，但却减少了一定的视觉弹性。特别是由于汉字外观的图形感，更会让人觉得有些拥挤。因此，同样的版式中如果使用不同的文字，则必须考虑文字的构成效果并进行相应的间距调整（见图 3-46）。

（2）汉字独特的竖排方式

纵观中国的文字发展史，直书是中文最传统的排版方式，是汉字的独特气质。竖排的形式，会大大加强文字编排的线条感，并在一定程度上让读者忽略字间距的微小差异。同样的版式、同样的文字、同样的字间距和行间距，竖排效果会比横排效果显得宽松、通畅、闲情（见图 3-47）。这是因为竖排形式中，会产生行距成为字间距的视错觉。竖排成段后会在版面形成高高低低的起伏，使版面产生错落有致的节奏韵律，有利于打破汉字的稳定性，使版式更活跃。但竖排具有明显中国传统风格，并且考虑到人们阅读习惯的差异，其适用的版式范围较窄（见图 3-48、图 3-49）。

汉字的竖排和横排都有不可取代之处，只要字体样式适合版式主题风格，并且运用点线面的构成原理进行合理编排，两种形式的编排都会使版式呈现具有丰富变化和秩序之美的视觉效果。

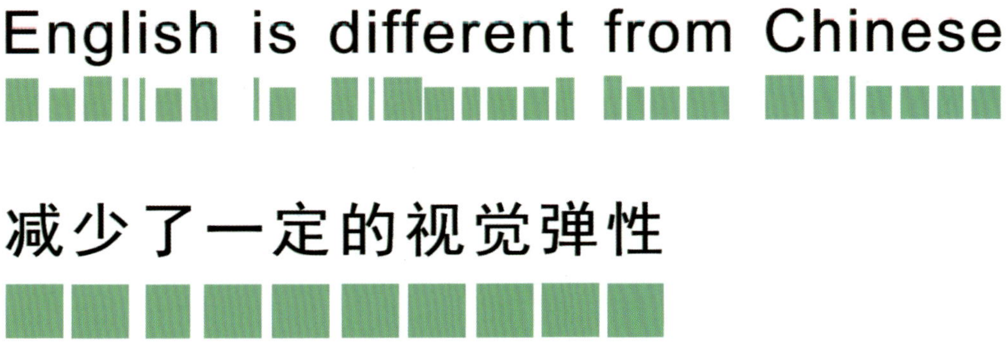

图3-45 拉丁语系字母与汉字组合形式中的间距节奏差异

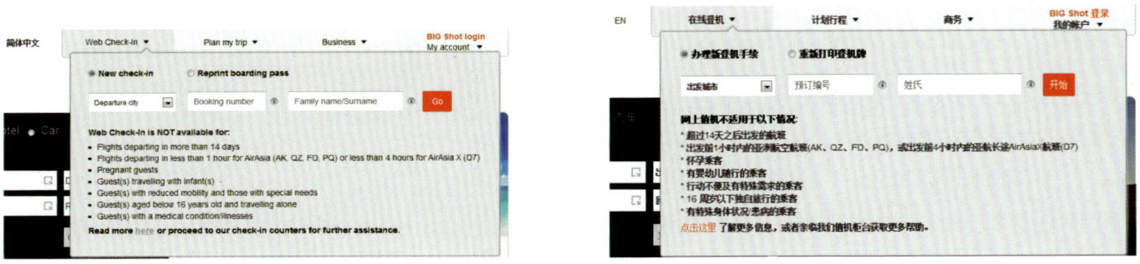

图3-46 同样字号情况下，中文字体的编排效果要比拉丁语系字母紧凑，会产生一定的拥挤感

纵观中国的文字发展史，直书是中文最传统的排版方式，是汉字的独特气质。竖排的形式，会大大加强文字编排的线条感，并在一定程度上让读者忽略掉字间距的微小差异。

纵观中国的文字发展史，直书是中文最传统的排版方式，是汉字的独特气质。竖排的形式，会大大加强文字编排的线条感，并在一定程度上让读者忽略掉字间距的微小差异。

图3-47 占有同样版面面积的汉字，竖排形式显然比横排形式变化感强

图3-48 汉字竖排形成的线条感极大地彰显了中式版式轻盈、写意的风格

图3-49 无衬线英文字体在横排效果上更易体现现代简洁的形式感

图3-50 采用不同表现手法的图文概念转换形式（一）

3. 图文概念转换的差异

源于字体设计内涵的图文概念转换是版式设计中的常用表现手法，就是将版式中具有特别传达意义的文字根据版式的主题进行再设计，使其在视觉上具有图形的特点，但又能保持文字的阅读和传达功能。图文概念转换的使用，会让读者对版式的含义产生意犹未尽的感觉，加强了版式信息传达拓展性（见图 3-50~ 图 3-54）。

图3-51 采用不同表现手法的图文概念转换形式（二）

图3-53 2012年中国邮政明信片设计（一），将汉字与图形的概念转换演绎得淋漓尽致，体现出浓厚的传统贺岁气氛

图3-52 采用不同表现手法的图文概念转换形式（三）

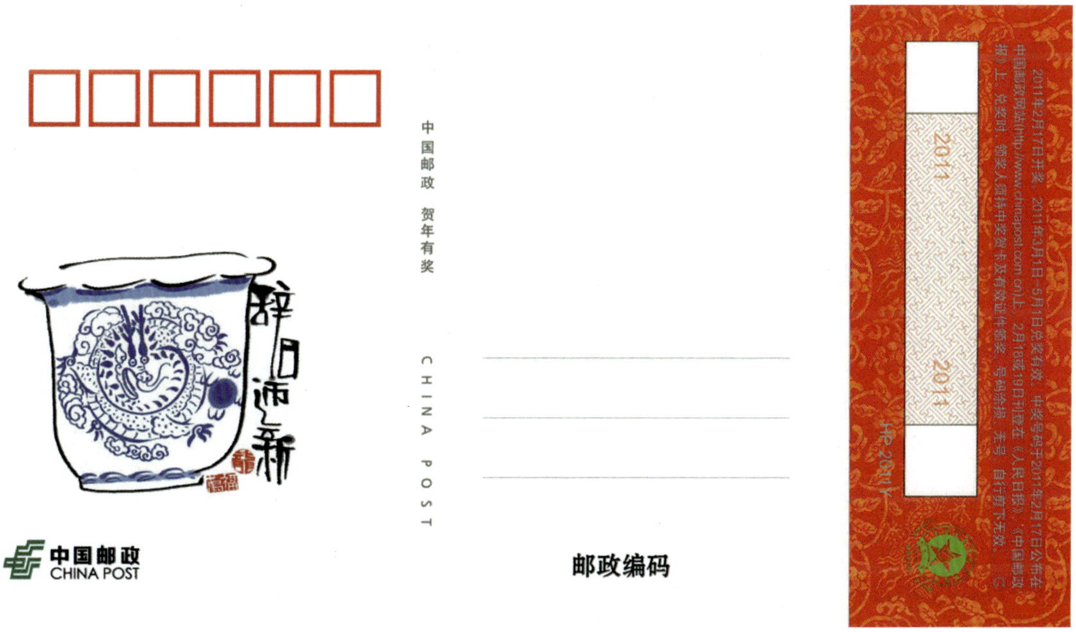

图3-54 2012年中国邮政明信片设计（二）

中国的文字和古埃及的象形文字、苏美尔和巴比伦的楔形文字是世界上最古老的三种文字，它们均由图画而来。其中汉字历史悠久，在世界语言、文字艺术中独树一帜。象形字是汉字造字法的基础，象形字可以说是整个汉字系统的母型。

现在，虽然富有远古韵味的象形汉字已很少见，但从文化、艺术等多个角度对其进行考察、挖掘、研究，仍能启迪我们今天的设计灵感，从中体悟中华民族博大精深的文化内蕴。即使是简写汉字，经过设计的表现和夸张，仍可超越不同民族文字间的差异，这是由汉字象形化的特质所决定的（见图 3-55、图 3-56）。

汉字图形化、象形化的优势是其他文字无法比拟的，巧妙地处理好“形”与“意”的关系——字即图，图即字的概念互换在众多的中国平面设计作品中都可以发现（见图 3-57、图 3-58）。

源于“腓尼基字母”的拉丁字母，是一种典型意义的符号字母，其优点是便于学习和记录。以英文为例，26 个英文字母通过不同数量的排列组合形成单词，但无论是字母本身还是单词都不具有任何与单词含义相关的意义。因此，英文版式中图文概念转换往往起到强调、装饰或分割版面区域的作用，其传达信息的延展是建立在对英文有辨识度的基础上的，而不像汉字那样能超过语言的局限（见图 3-59、图 3-60）。

图3-55 北京2008奥运会会徽“中国印•舞动的北京”，就是运用汉字作为基本创作元素，融合印章、书法等中国传统艺术表现形式，展现出运动的人形，实现了中国元素与国际奥林匹克精神的完美结合。

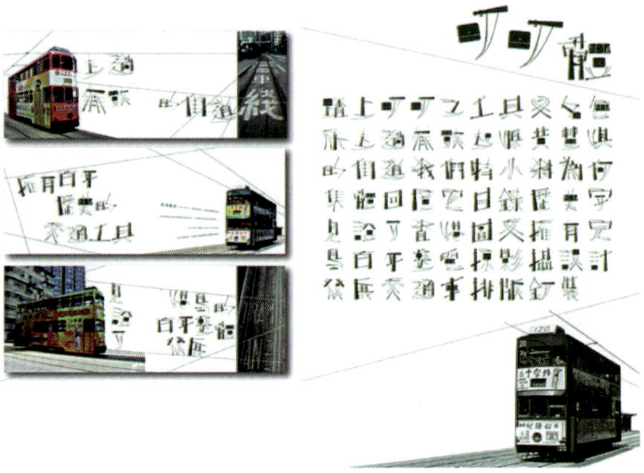

图3-56 《香港电车》书装作品中，利用汉字笔画的丰富性及汉字的象形化特点，设计出“叮叮体”，体现出被昵称为“叮叮车”的香港最古老的有轨电车的特点

图3-57 汉字信息传达的魅力优势——字即图、图即字（一）

图3-58 汉字信息传达的魅力优势——字即图、图即字（二）

图3-59 拉丁语系文字与汉字在图文概念转换的形式与内涵上的区别：前者侧重构图及装饰效果，后者则兼具构图、装饰与延伸传达含义的作用

图3-60 拉丁语系文字与汉字在图文概念转换的形式与内涵上的区别

第二节 图形

图形可以被认为是一种区别于文字的交流语言，其表现力及创造力不但在平面版式设计中体现出独特的魅力，在现代视觉传达中也具有不可替代的作用。

一、图形在版式设计中的作用

15 世纪，印刷机的发明使图形和文字的大规模复制成为可能，人类的交流方式和图形的使用方式都发生了革命性的变化。随着印刷技术的不断革新，特别是计算机时代的到来，高清品质、画面逼真及细节丰富的图片大大推动了现代视觉设计的发展。

版式中的图片在形式和语言上都有特定的传达含义，并在版面中占有很大的比例，视觉冲击力比文字强 85%，对文字进行了有效的补充说明。

1. 直观传达版面信息

版式设计的最终目的是在合理美观的编排前提下来传达主题信息，而信息只有通过有效地传达，才能被有效地接受。一图解千文，图形在帮助人们理解信息方面的作用是巨大的。比如各类商品广告中会使用包含商品形象、使用方式或是明星代言人的图片（见图 3-61、图 3-62），而不是使用长篇幅的文字说明，就是因为图片能够更快、更准地传达信息并被受众理解；而要充分理解文字内容则需要花费更长的时间，并且还有被误解的可能性。正是由于图形这种无需转换的直观认知性，才使得版式强化信息传达的功能得以充分体现（见图 3-63）。

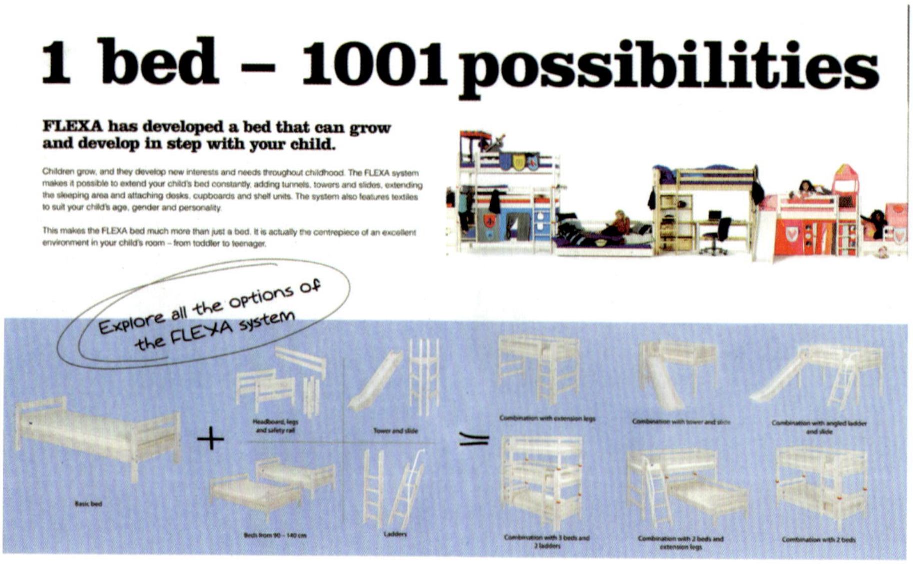

图3-61 产品组装说明书，利用图形清晰明了地说明了产品的组装方法

图3-62 分别为HILTL及Schweppes广告，均直观传达出食品及饮料的口感

图3-63 大众汽车平面系列广告，通过图片内容准确传达出控制车速、安全驾车的主题思想

2. 具有丰富的信息量

图形基本上来源于拍摄的照片和经由绘制的图案、符号、插画等。无论哪种图形，都因为其信息的丰富性优于文字而成为一种视觉提示。也就是说，人们会将注意力放在一个有内容的图形上并且去理解它（见图 3-64~ 图 3-66)。

图3-64 品客薯片平面系列广告，版面中充斥着立体字、各种道具及商品包装等图形信息

图3-65 图库广告，风景、道路、汽车等图形信息使人对新图库的图片内容充满期待

图3-66 Konica广告，特写图片中模特的眼睛及手指甲的明亮色彩传达出对产品质量的自信与肯定

3. 决定版式的视觉风格

版式设计是一个运用美的形式法则进行编排的过程，其中图形通常是版式中的最大亮点。出现在版式中的图形，为了更好地切合版式的主题含义必须经过裁切、合成、特效处理等方式的“再设计”，它影响着版面的构图、文字的编排以及色彩的搭配，决定了版式的视觉风格（见图 3-67~ 图 3-69）。

图3-67 人物的黑白基调与彩色图形的结合处理，表现出现代感极强的版式风格

图3-68 印章效果的表现手法体现出复古版式风格

图3-69 几何形的构成及同相色彩明度的变化表现形成极简的版式风格

二、图片文件的相关知识

1. 图形的选择和获取

进行版式设计，通常都会有一个选择图形的过程。也就是为了准确无歧义地传达版式的主题含义，必须要选择能够与之相符的图形。应当把图形的选择纳入整体设计中去考虑，并且作为设计过程的第一步进行实施。否则，仅是出于设计效果和构图布局的需要再来进行图形选择，会受到很多的限制。

社会上很多促销广告传单设计中，往往会出现图与文不符的现象。必须明确，再美观的图形，如果与版式内容主题不符或容易引发歧义，就一定要果断地舍弃。

获取想要的图形，一般可通过以下几种方法：

①在免费图片素材网站进行下载（大多数情况下仅供学习使用，不得用于商业用途）；

②在付费图片素材网站上进行付费下载；

③购买专业素材库；

④与图片作者联系取得使用权；

⑤按照要求自己拍摄照片或进行绘制。

2. 图片文件的品质与使用范围

使用计算机来完成的版式设计，其图形来源于图片文件，其品质也决定了版式的呈现质量。

（1）图像分辨率

图像的分辨率指的是每英寸图像含有多少个点（dpi）或像素（ppi），是组成一幅图像的像素密度的度量方法。在数字化的图像中，分辨率的大小直接影响到图像的质量。分辨率越高的图像就越清晰，文件也就越大。也就是说同样大小的一幅图，组成该图的图像像素数目越多，则说明图像的分辨率越高，看起来就越逼真，品质就越高。反之，图像则显得越粗糙，品质就越低（见图 3-70）。

图3-70 高分辨率图片与低分辨率图片的品质差异

（2）图像分辨率的使用要求

版式编排中需要的图片文件，其分辨率的使用要求根据版式呈现终端的差异有所不同。也就是说，印刷品和屏幕的差异会影响到图片文件的选择，这一点在进行版式设计之前就要清楚。

①印刷品。多数印刷机都要求图片分辨率为每英寸的点数在 300 个以上，这样才能确保印出高品质的图形效果。因此，用于书籍、画册、精美杂志等印刷品的图片文件都需要至少达到 300dpi 的分辨率。而像报纸这种印刷品，其图片文件的分辨率只需达到 150dpi 即可（见图 3-71、图 3-72）。

②屏幕显示。电脑屏幕通常以每英寸所包含的像素值来测量分辨率，由于它产生可视材料的方式是不一样的，所以比用于印刷所需的分辨率要低得多。用于网页形式的图片文件，其分辨率只需达到 72ppi，以便确保在大多数计算机上都能很容易地被浏览（见图 3-73）。

图3-71 Baillat Cardell & fils的书装作品——《UdeM Manuel de survie de l'étudiant 2014/2015》，高分辨率的图片才能保证精美的印刷质量

图3-72 Tamara Vareyko作品——《MELALA》包装设计，高清精美的画片质量提升了包装的视觉品味

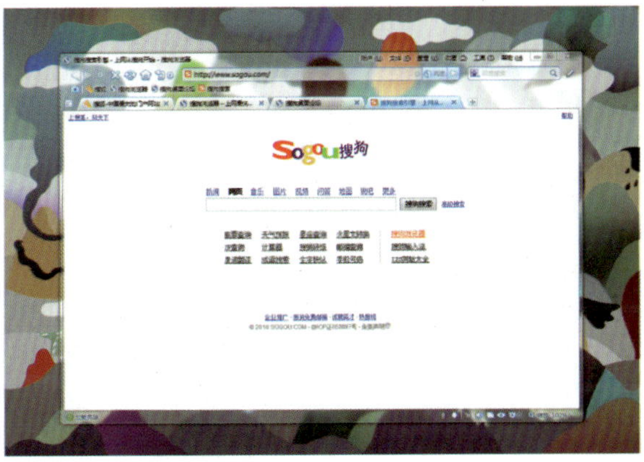

图3-73 网页图片在电脑显示屏上的显示效果

三、图形的编排要素

图形中包含了很多内容，能够产生丰富的空间感和明确的层次关系。相比文字，图形的可调因素更多，更容易展现个性化的构成形式。图形的编排与设计决定了版式的视觉风格。

1. 图形的裁切

作为排版素材的图形，并不一定拿来就能用。最常见的处理方式就是对原图进行裁切，以此来改变构图、大小或是纵横比例等属性（见图3-74）。图形经过裁切后，可以更好地适合排版的空间，突出版式的诉求主题，并增加版式的变化性。

2. 图形的轮廓

图形从其文件载体中脱出，根据外观轮廓基本可分为褪底图形和非褪底图形。

（1）非褪底图形

拍摄出来的照片或通过计算机绘图软件绘制出的图形，通常会带有背景或底色。这些带有背景的图形，即使经过裁切或轮廓处理，一般仍以方形（见图3-75）、圆形（见图3-76）或其他不规则的几何形等形式出现。

（2）褪底图形

将图形的主要对象从原文件背景脱出的处理方式就是褪底。图形的褪底在版式设计和图像合成技术中被广泛使用，它可以充分展示图形对象的轮廓，大大丰富了版式的构图方式（见图3-77、图3-78）。特别是希望版式具有一定的动感导向时，这种方法是很有效的。

在进行图形褪底处理时，一定要分清背景和主体对象的边界并进行精细、彻底地脱离。如果脱出的图形还带有原文件中的背景毛边，会让版式显得粗糙、不严谨，影响美观。

图3-74 一张照片通过裁切可以改变纵横比例、大小及构图，以更好地适合版面的排版要求

BAG OM NAVNET

LUMSKEBUGTEN

Oprindeligt var Lumskebugten en sømandsknejpe. I dag er det en af byens førende frokostrestauranter, der også har aftenåbent. Men hvorfor hedder den Lumskebugten? Få svaret her.

TEKST ANDREA BAK

RESTAURANT LUMSKEBUGTEN
Tlf. 33 15 60 29, *lumskebugten.dk*

ÅBNINGSTIDER
Frokost: Mandag – lørdag 11.30 – 15.00
Aften: Onsdag – lørdag 17.30 – 22.00

Hvis du nogensinde har undret dig over navnet Lumskebugten, er du ikke alene. Det er et lidt besynderligt navn, men hvis du deler ordet op i to – lumsk og bugt – har du svaret på, hvorfor den hedder, som den gør. Strømforholdene i indsejlingen til Københavns Havn, som Lumskebugten ligger ud til, var nemlig særdeles lumske, og flere skibe gik på grund her. I sin tid var det ikke en restaurant, men en gammeldags sømandsknejpe, hvor sømændene nemt kunne "falde i".

I dag er Lumskebugten alt andet end en knejpe for fordrukne sømænd og landkrabber. Stedet har i mange år været blandt byens førende og højt værdsatte frokostrestauranter, der er kendt for sit høje niveau inden for det traditionelle danske køkken.

Sidste sommer overtog Erwin Lauterbach restauranten efter mange år bag roret i Restaurant Saison i Hellerup. Han viderefører traditionen med klassiske danske retter som for eksempel smørrebrød, som han dog tilføjer sit eget touch, så de er up to date.

"Smørrebrød er det mest danske mad, vi kan komme på. Og det er sjovt, for selv om de forsøger at gøre os kunsten efter i andre lande, rammer de den bare aldrig. Der er simpelthen ikke andre i verden, der kan lave smørrebrød, som vi gør i Danmark," siger Erwin Lauterbach og understreger samtidig, at alle retter på kortet har grøntsager som udgangspunkt, nøjagtig som det var tilfældet på Saison.

BAG OM NAVNET

Restaurant Lumskebugten er et sted med masser af traditioner, og meget af det "hænger i huset", som Erwin Lauterbach udtrykkker det. Indretningen trængte til et skud saltvand, da han overtog, og han vidste, at en renovering skulle ske med nænsom hånd og tungen lige i munden for at charmen ikke skulle gå af det gamle hus. Og det lykkedes. Gæsterne kan godt se, der er sket noget, men stemningen er intakt.

"Det er temmelig anderledes at drive en frokostrestaurant, fordi folk har 45 minutter til at spise i. Til gengæld kommer stamkunderne flere gange om ugen, så man får et andet forhold til folk," siger Erwin Lauterbach.

"Vi ved på forhånd, at når Jensen kommer, vil han gerne sidde ved dét bord, og han vil gerne have smør på kartoflerne og den slags. Det er de små nuancer, der gør, at vi strammer os ekstra an, så gæsterne kan føle sig endnu mere velkomne," siger han.

Restaurant Lumskebugten har også åbent om aftenen, men stadig med fokus på de klassiske danske retter, for eksempel forloren skildpadde, der – naturligvis – laves helt fra bunden. Inspirationen får han blandt andet fra den afdøde skuespiller og gourmet Mogens Brandt.

"Jeg holder af at læse i gamle kogebøger for at få inspiration. Mogens Brandt diskuterer for eksempel i sin kogebog, om Forloren Skildpadde skal laves med Madeira eller Sherry, og hvilke mennesker der foretrækker hvad," siger Erwin Lauterbach. W2G

图3-75 方形外观图形

图3-76 圆形外观图形

图3-77 Fabian De Lange设计的《Mumbai》海报，图形采用局部褪底的处理方式与白线框形成穿插效果，增加了版式的变化性

图3-78 主图进行了全褪底处理，并与众多辅图进行融合重构，产生了蒙太奇般的电影画面效果

3. 图形的数量与布局

版面中图形的数量影响着受众的阅读兴趣，图形的布局决定了版面的构图及视觉流程。图形的数量与布局互相作用，需要进行整体考量。

（1）图形数量较少的版式

版式中较大的图形一般会具有较强的概括性和说明力，视觉感染力也会比较强（见图3-79）；版式中较小的图形容易显得小巧精致，一般用来传达个体对象或局部细节的信息。因此，如果选用的图形较少，应适当地将图形放大处理，达到瞬间传达内涵的效果，引起受众的阅读兴趣（见图 3-80、图 3-81）。

（2）图形数量较多的版式

如果选用的图形较多，那么首先要理解版式的主题内容，清楚想要展示什么，然后给所有需要的图形进行排序。将图形展示的先后顺序通过设计来表现的最常用的手法就是对图形尺寸大小的控制。通常情况下，最大的图形表示最重要的内容，因此在图形质量允许的情况下，把第一顺序的图形放大处理；将后面顺序的图形缩小放置（见图 3-82）。如果后面顺序的图形数量较多，那么图形尺寸类型不宜过多，以免造成版式零乱、失衡的后果。

总体来说，当选用了数量较多的图形时，版式的气氛容易显得比较热闹。因此，除了需要重点显示的一两个图形放大尺寸，其余的图形适合按照设计后的点位成片出现，以呼应主题并与主图形成对比关系（见图 3-83）。

图3-79 版式中选用图形较少时，需放大图形比例，以达到较强的说明概括效果

图3-80 版式中选用图形较少时，需放大图形比例，以达到较强的说明概括效果

图3-81 放大图形比例

图3-82 按主次顺序设置图形大小

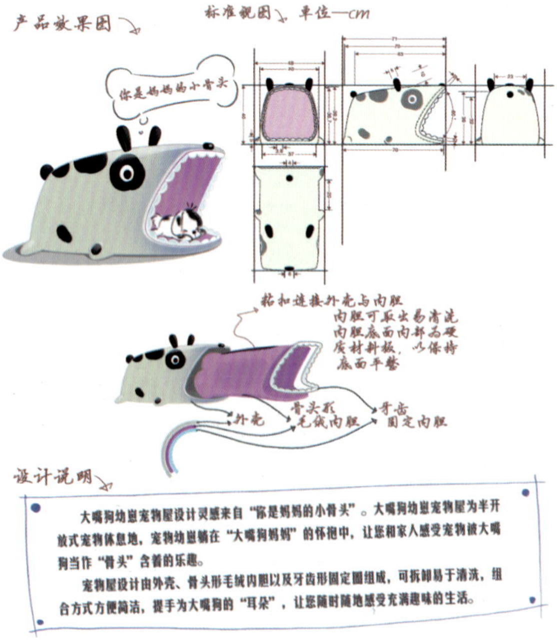

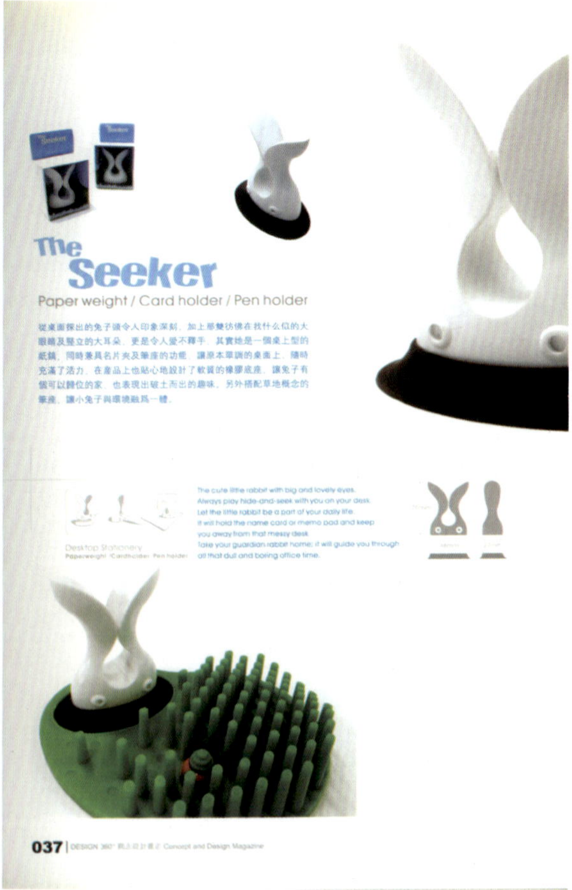

图3-83 版式中选用图形较多时，按主次顺序设置图形大小有利于明确版式信息层次

四、图形在版式中的构成关系

与文字一样，图形在版式中仍然是遵循点、线、面的构成关系进行编排。但文字与图形在外观及内涵上区别很大，因此图形在版式的构成编排中要尽量地发挥其多样、直观的信息传递特点，将点、线、面的构成形式演绎得更富创新性和多元化（见图 3-84~ 图 3-94）。

图3-84 Graphéine作品——《Spring Festival of Pérouges》形象设计，版面中花朵图形呈点状布局，与文字及其他图形相得益彰

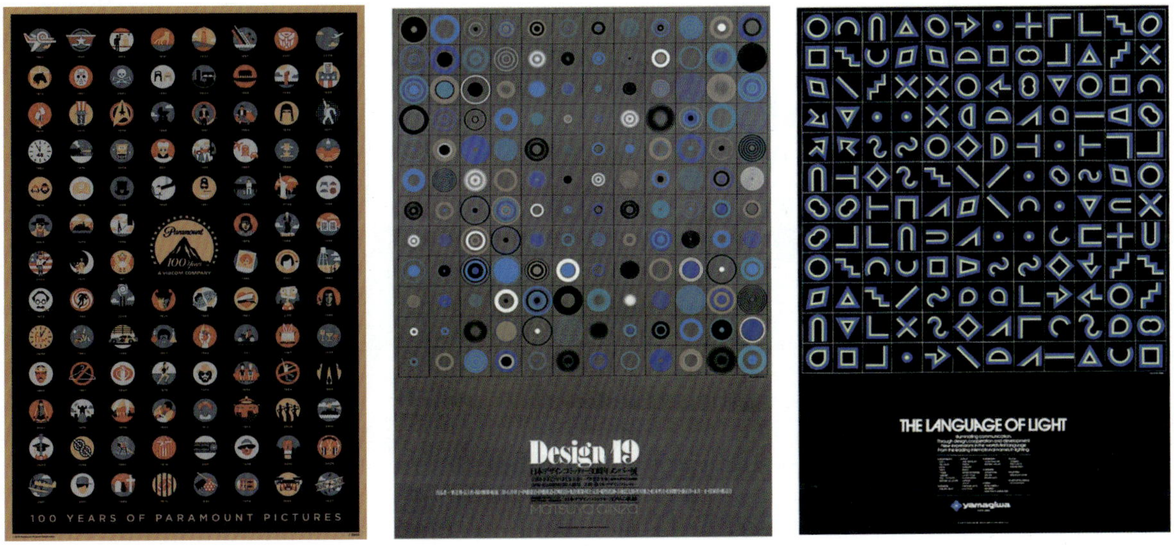

图3-85 将相同大小的图形通过点构成形式并运用重复构成的骨骼线进行布局，使版式产生了强烈的秩序美

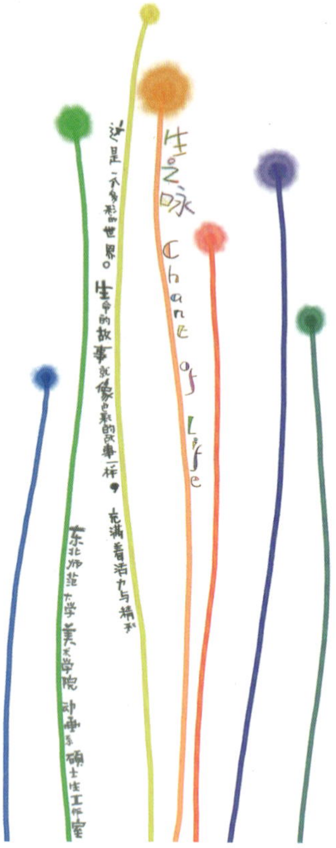

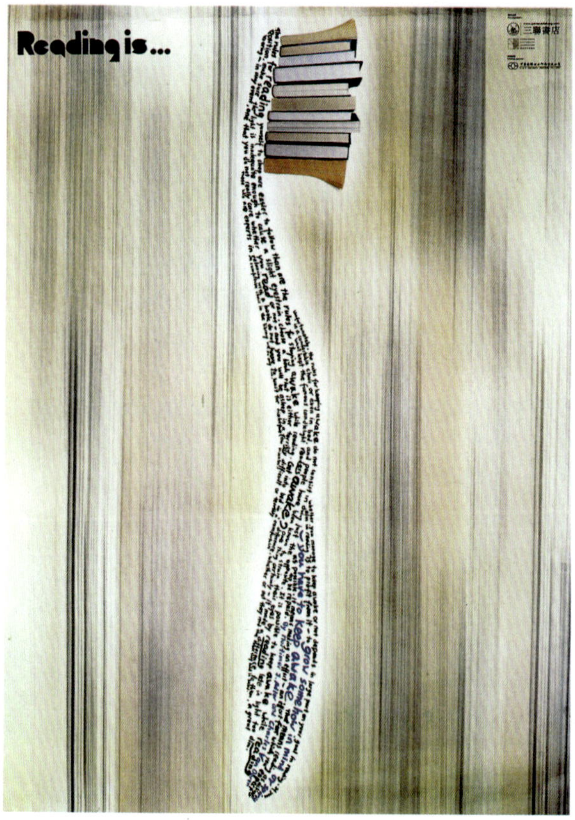

图 3-86 线条型的图形搭配围绕编排的文字，形成强烈的呼应关系，突出版式的线构成关系

图3-87 两个高低错落的线条感图形的围合区域形成版式的虚空间，留出了文字的编排位置

图3-88 Karan Singh作品——《The Hills - Artcrank New York》，不同方向的线条既延展了版式空间，更通过视觉效应产生了起伏感

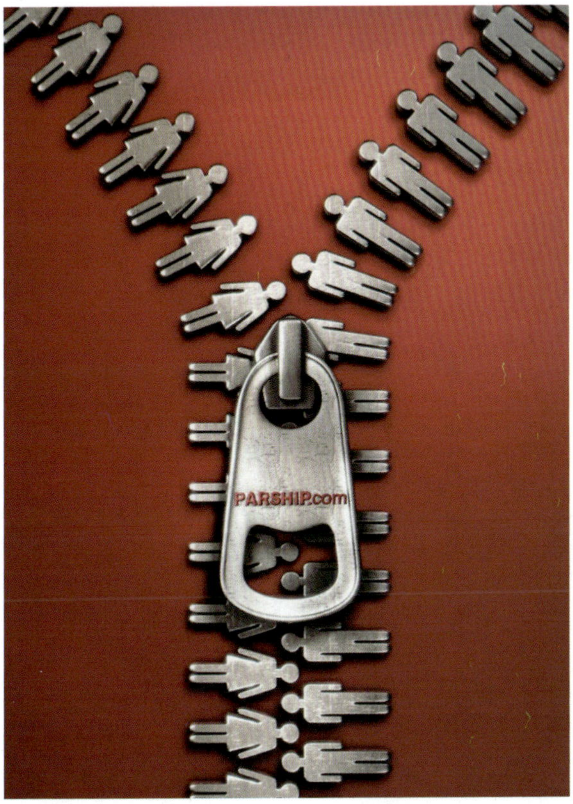

图3-89 左图中图形的线条层次形成稳定的三角形构图，右图中图形的线构成效果有力地体现出版式的视觉流程

图3-90 满版型构图的版式，独立图形通过细节强调版面的视觉效果，画面的构成层次感强

图3-91 满版型构图的版式，独立图形通过细节强调版面的视觉效果，画面的构成层次感强

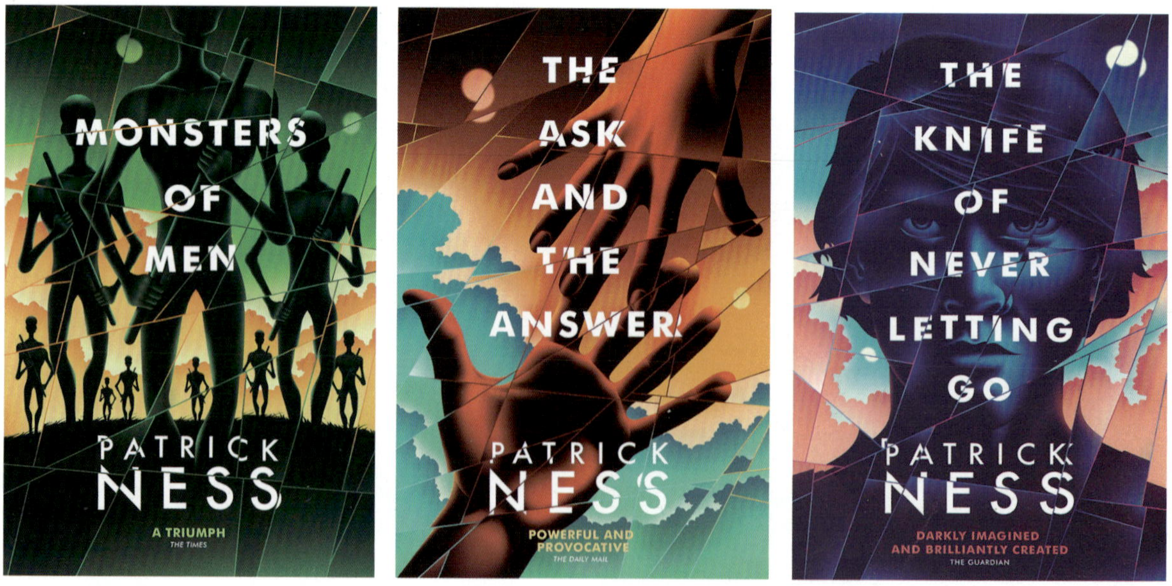

图3-92 La Boca作品——《Chaos Walking Trology》科幻小说三部曲的封面设计，采用线条穿插在主体画面中，形成了丰富的线、面构成效果

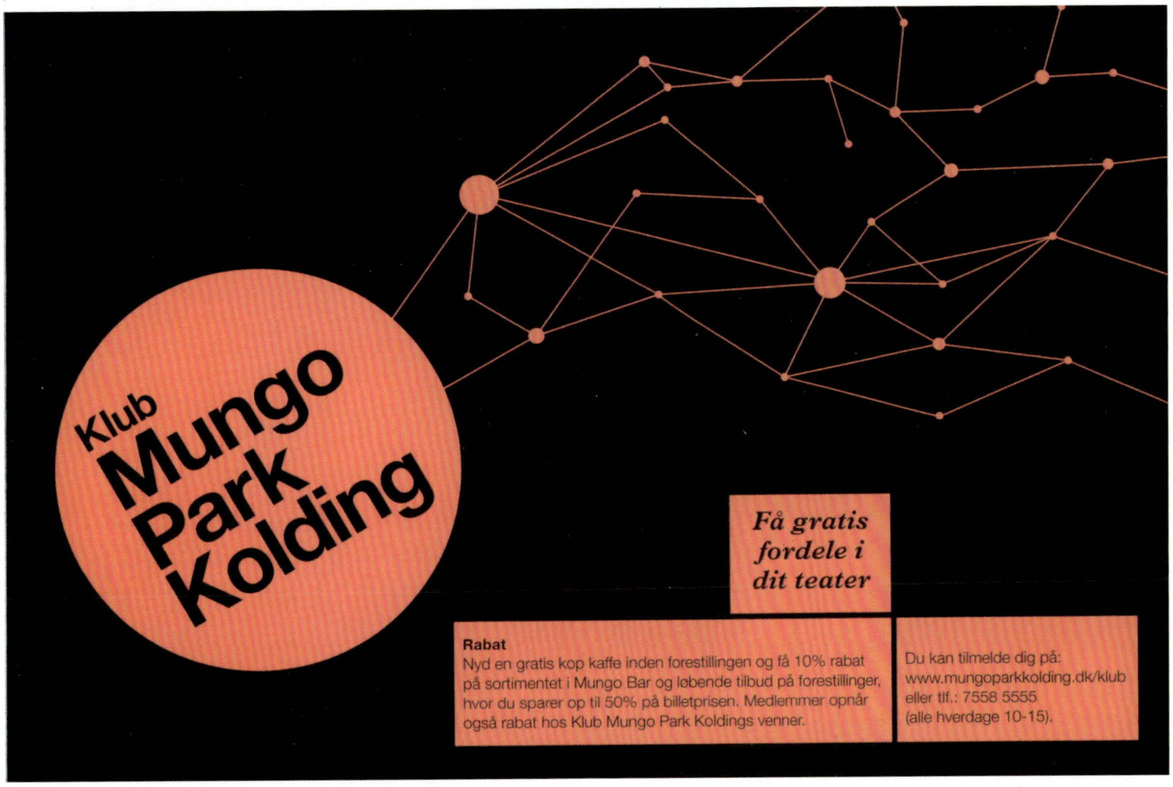

图3-93 线条、色块的组合形成了清晰的点线面构成关系

图3-94 Patrycja Meller作品——《SLOW FOOD》海报设计，主体图形采用斜线构图，问号拉长设计后和图形交织，强调了竖向构图感，丰富了版式的线条效果

第三节 色彩

色彩是版式作品留给人的视觉印象，是决定设计表现力的形式语言。在版式的设计三要素中，色彩相对来说比较特殊。因为它既包含于文字和图形中，又具有统筹设计风格的作用，成为对文字和图形进行调整以达到版式协调的重要标准。

一、色彩的属性

从色彩学上讲，任一色彩同时具有色相、纯度、明度三大属性。色彩对人的心理影响分别源自这三个方面。

1. 色相

色相是指色彩的相貌，是区分色彩的主要依据（见图 3-95、图 3-96）。不同的色相能体现不同的色彩情感并产生联想作用。比如黄色给人的味觉感受是清甜，容易引发人们的食欲，常被用于餐饮类的相关设计中；蓝色让人联想到大海，给人宽广、智慧、科技、冷静的感受，有很强的内涵，被大量运用于科技类的相关设计中。因此要熟悉各色彩的情感特点，并将已取得共识的色彩心理反应作为设计应用的参考依据，过分追求个性和风格突破可能无法与受众引起共鸣。

图3-95 色彩的色相属性（一）

图3-96 色彩的色相属性（二）

2. 饱和度

饱和度也叫纯度，是指色彩的鲜艳程度（见图 3-97）。两种纯色混合或是在纯色中加入不同的灰都会降低色彩的饱和度。高饱和度的色彩给人醒目、单纯的感觉；低饱和度色彩给人细腻、含蓄的感觉。

图3-97 高饱和度色彩与低饱和度色彩的对比

3. 明度

明度是指色彩的明暗程度，也称深浅度，是表现色彩层次感的基础（图 3-98）。纯色中，黄色明度最高，紫色明度最低。给纯色加入白色或黑色可快速改变其明度。高明度的色彩给人轻快、活泼、优雅的感觉；低明度色彩给人厚重、稳定、忧郁之感。

图3-98 色彩的明度变化对比

二、色彩的搭配

1. 确定主色调

版式的主色调简单地说就是版式的主色，具有主导版式色彩印象的功能（见图 3-99~ 图 3-102）。比如我们常听说：“就是那张蓝色的海报……”“就是那本红色封面的书……”，其实那张海报或是那本书的封面可能由几种颜色组成，但受众对它们的色彩印象就是“蓝色的”或“红色的”，因为它们主色调就是“蓝色”或“红色”。在版式设计中，为了避免色彩信息杂乱，保证主题内容的有效传达，一般会选择一种颜色或是两种按照比例进行搭配的色彩作为版式的主色。

主色必须保证在版面中占有一定的比例，通常需达到 50% 以上。

图3-99 黄色为主色调

图3-100 绿色为主色调

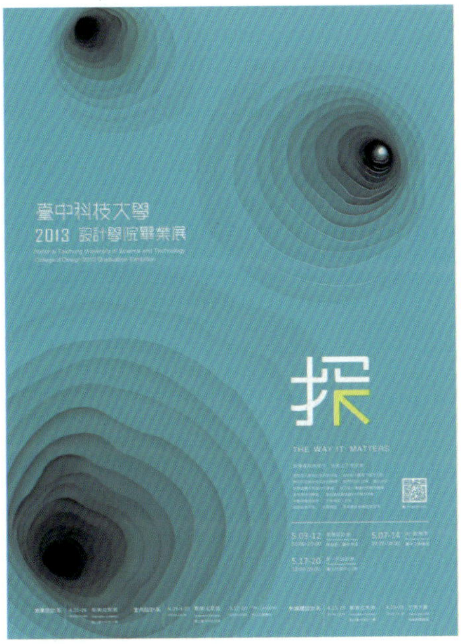

图3-101 蓝色为主色调

图3-102 Musique en Sorbonne作品，每个版式均选择两种色彩作为主色调

2. 色彩组合

确定了主色调之后，一般情况下会定一两种辅色。辅色通常用于版式中的文字和辅助图形，可以起到划分版式层次、明确构图关系的作用。主色与辅色的组合有以下几种搭配方法。

（1）调和效果的搭配

在主色调的范围内配上相邻色系的颜色，形成和谐、统一的色彩基调。比如蓝绿组合、红黄组合等。也可以通过对主色的明度进行处理变化来实现调和效果，如“深绿”“嫩绿”“浅绿”等（见图 3-103）。

图3-103 各种调和色调的搭配效果

（2）对比效果的搭配

在与主色调具有对比效果的色系范围内配色，能够形成明显的色彩层次，但使用量必须与主色有悬殊的比例，否则容易干扰主色的显示。如果对比过于强烈，也可以降低对比色的饱和度或明度来实现弱对比效果（见图 3-104）。搭配效果如蓝橙组合、暗红与灰绿组合等。

（3）高纯度色彩与黑、灰色搭配

黑、灰色属于无彩色，可与众多彩色形成对比效果（见图 3-105、图 3-106）。使用高纯度色彩与黑、灰色进行组合搭配，会起到明显的突出效果，并且能有效缓解高纯度色彩给人带来的视觉疲劳感。常见的搭配效果如红黑组合、绿黑（灰）组合等。

图3-104 对比效果的色彩搭配

图3-105 Charley Massiera作品——《Festival Karsh》海报设计，黄黑对比色使用比例悬殊，有强烈的悬念效果

图3-106 较多的色彩信息降低了对比强度

三、色彩的平衡

1. 色彩不要过多

每一个版式作品，都有自己的主题和风格，并需要以此为标准来确立版式的主色调。主色存在于版式的视觉中心，是整个画面的重心，它直接传达了整个版式的色彩印象，并影响到辅助色的存在形式。辅助色在整体版式中可以起到平衡主色的冲击效果和减轻视觉疲劳的作用。版面中色彩切忌太多，如果来自于照片文件的图形色彩过于繁复和杂乱，可通过整体或局部改变色调、降低饱和度等处理方法来进行调和，以保证整个版式主色调的清晰（见图 3-107）。

2. 保证色调统一

版式中各构成元素间色调的统一是为了确定版式的色相倾向，使画面内容有一定的气氛特征。通过图像合成技术实现的版式设计特别需要注意色调的统一，将不同光源和环境下形成的图片素材在合成前就要作为一个整体来处理，使得整个版式冷暖色调协调，并且明度对比合理（见图 3-108、图 3-109）。

图3-107 出现在版式中的图片按照主色调进行色彩的统一和平衡

图3-108 版式整体进行了同一色相的明度变化，降低了色彩的单一感，以丰富版式层次

图3-109 不同色彩均围绕主色调进行平衡，达到调和统一的效果

单元练习 1. 文字编排训练

作业要求：只使用文字元素编排设计校内展览邀请函或讲座海报，内容自定。

训练时间：4 课时。

（图 3-113）

单元练习 2. 图文混排训练

作业要求：使用文字及线条图形编排设计校内展览邀请函或讲座海报，内容自定。

训练时间：4 课时。

（图 3-110~ 图 3-112）

图3-110 图文混排训练学生作业展示（一）

图3-111 图文混排训练学生作业展示（二）

图3-112 图文混排训练学生作业展示（三）

图3-113 文字编排训练学生作业展示

CHAPT

ER 4

第四章
版式的设计原则与技巧

版式设计应当让版面具备清晰的条理性和艺术感染力，以便突出主题内容并帮助受众正确地理解版面信息。要实现这些目的，必须学会在版面中设计视觉流程，把握版式构图技巧，准确定位版式风格进行设计。

▶ 学习目标：深入理解版式的设计原则，准确定位版式主题风格，掌握构图及视觉流程的设计方法和技巧。

▶ 学习重点：通过构图合理布局版式元素并体现版式信息层次关系。

▶ 训练课时：16 课时。

第一节 视觉流程

文字、图形、色彩等版式视觉要素的设计编排，需要经过有序合理的视觉引导才能高效、准确地向受众传达信息，这也是一切视觉传达设计的最终目的。视觉流程设计作为版式设计的一个重要组成环节，其设计的流畅性直接影响到版式的视觉传达效果。

一、视觉流程的概念及作用

版式的视觉流程是一种空间中的运动，是视线随着各种视觉元素在版面空间沿一定轨迹运动的过程，简单来说就是引导受众阅读信息的先后顺序。

视觉流程在版式中虽然是一条看不见的视线轨迹，但它可以产生真实的导读作用。如同路标一样，清晰直观的视觉流程设计可以引导受众随着设计元素进入一个组织有序、层次分明、轻松愉快的阅读过程，并准确地理解版式的核心信息，最大程度地体现和提升版式的视觉传达效应（见图 4-1）。

图4-1 以动物作为画面的视觉中心，有意识地将辅图沿着动物的视线方向进行编排，引导读者按照图中所标顺序进行阅读

二、视觉流程的设计

1. 通过虚实空间设计视觉流程

在版式编排中，编排的内容是文字、图片、色块等“实”元素。当每个“实”元素占据一定的版面空间后，一定要有若干“虚”元素来调节视觉强度，使版式的张力、动势得以释放和延伸。版式中的实空间自然会是视觉中心，但没有虚空间的存在和衬托，也就不会有成为视觉中心的实空间了。因此，虚实之间的视线流动是人的视觉本能，可以利用这种视觉本能来设计视觉流程。比如，版式设计中常会将文字内容编排在版式中的留白区域，作为图形之后的被阅读层次出现（见图 4-2）；或是图片素材裁切重构时，去掉干扰信息纯化虚空间，以突出主体形象（见图 4-3）。

图4-2 特写图形清晰的轮廓外沿形成虚空间，所有文字信息分主次等级由上至下编排在内，形成先图后文、单一明确的视觉流程

图4-3 图片经过裁切重构后，去掉了干扰信息，明确了主体图形

2. 通过对比手法设计视觉流程

对比是把具有明显差异的视觉元素安排在一起，进行对照比较的表现手法。有意识被强化的对象自然成为了视觉中心，被弱化对象的视觉层次也就退后了。在版式设计中，常用的对比手法有大小对比、色彩对比和疏密对比。

（1）大小对比

当希望版式中的某些视觉元素成为视觉流程中的第一视觉层次时，比较常用的处理手法就是进行大小对比。也就是将需要被受众首先注意到图形或文字放大，通过对比视觉元素的尺寸大小来安排视觉的先后顺序。

进行大小对比时，各视觉元素在版面中所占的尺寸比例被形象地称为“跳跃率”。 文字的跳跃率一般是指正文与最大标题的字幅、字高计算后的大小比率，而图片的跳跃率是指最小图片和最大图片的大小比率。跳跃率高的版式，会让人感觉富于变化，容易产生动感和节奏的效果，视觉流程的导向比较明显；跳跃率低的版式会让人感觉平静稳定，视觉流程的引导相对来说较弱，需要使用其他手法来进行设计（见图 4-4、图 4-5、图 4-6）。

（2）色彩对比

通过对版式中的主次视觉元素进行色彩对比，也可以有效地建立视觉流程。但应注意，被对比的色彩（也就是强调色）需要把握好在版式中所占的比例。少量地使用强调色往往能达到很好的突出效果。一般来说，一个使用了强调色的“点”比一个使用了强调色的“面”更容易成为视觉中心（见图 4-7 和图 4-8）。

（3）疏密对比

“密”的关系给人一种紧张感、窒息感和厚度感。而“疏”的关系给人一种空间感、宽松感和秩序感。这两种关系需要互动才能产生和谐的气氛。举个例子，广场上某个区域挤了一群人，其余区域只有几个人站在那里，我们当然会首先关注到那一群人，但看过热闹后视线自然会移至其他区域，这时反而会发现，我们会仔细关注到那几个人的外貌特征，对于一群人我们却只是一个热闹的印象。视觉落差会产生动态，在版式元素的疏密对比中就会建立起视觉流程（见图 4-9~图 4-11）。

图4-4 文字的跳跃率较大，以形成由大到小的阅读顺序

图4-5 版面中图形与文字均使用了大小对比，形成先按图形大小、再按文字大小进行阅读的视觉流程（一）

图4-6 版面中图形与文字均使用了大小对比，形成先按图形大小、再按文字大小进行阅读的视觉流程（二）

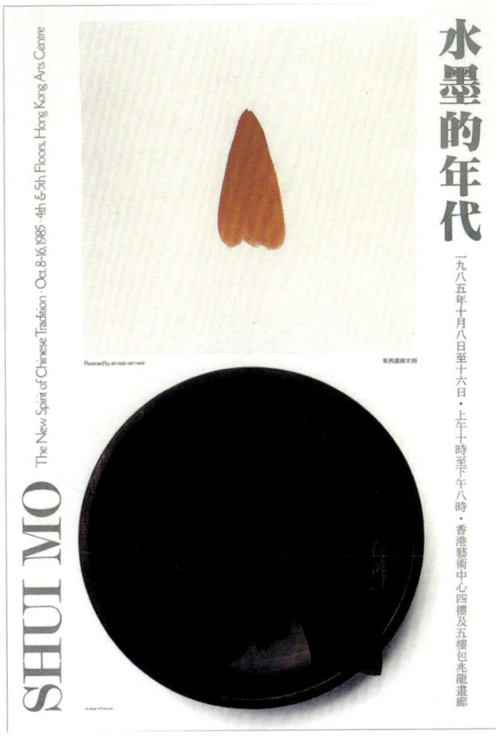

图4-7 版面中的红点与黑色图形形成强烈的色彩对比，悬殊的使用比例使版式形成自上而下的视觉流程

图4-8 黑白对比使得虚实空间非常明朗，同为黑色的图形区与文字区由于块面感及线条感的对比，形成先图后文的视觉流程

图4-9 Mark Brooks作品——《CoSMOS》海报设计，文字通过大小和疏密对比，不但使版式充满变化的形式美感，同时也建立了视觉流程

图4-10 Hakle再生卫生纸广告，极致的疏密对比确立了视觉焦点，更体现了“多就是少”“少就是多”的设计原理

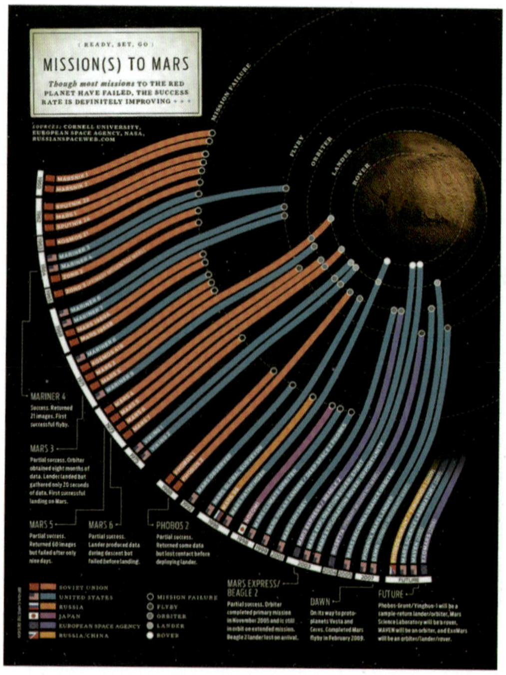

图4-11 通过版面视觉元素的疏密层次确定观看顺序

3. 借助图形的动势设计视觉流程

当图形对象有明显的动势指向时，可以借助这种指向来设计视觉流程。比如编排文字或是其他辅助图形时，可按照版式中主图人物眼睛的注视方向、道具的布局走向甚至是具有明显透视方向的构图角度的指引来安排位置。这样可以建立清晰的阅读层次，从而巧妙地设计出版式的视觉流程（见图 4-12、图 4-13、图 4-14）。

图4-12 版面中人物与字体之间一根由小字编排组成的曲线形成对视觉流程的指引

图4-13 黑衣人物俯身低头及衬体人物的眼神方向，都是对正文文字的阅读指引

图4-14 人群向上的手势，带动了自图至文的视觉流程

第二节 版式的构图

构图是整个版式的结构形态，是对各个元素的组织和布局方式。学习版式构图的目的就在于可以获得更有设计感的作品。

一、版式构图的分类

不同的构图具有不同的性格，表达不同的感情倾向。版式的构图手法多样，但归纳起来主要有以下几种类型。

1. 以版面率的多少来分

通过调节版面率来体现不同的气质是进行版式构图的一种思维方式，满版型构图和留白型构图就是这种思维方式下产生的构图形式（见图4-15和图4-16）。

图4-15 STUDIO NEWWORK作品——《ME MAGAZINE ISSUE N.19》杂志设计，采用的是常见的杂志版面率，留白适中，阅读轻松

图4-16 STUDIO NEWWORK作品——《UNTITLED MAGAZINE ISSUE N.5》杂志设计，采用了较低版面率，大面积留白的版式构图风格提高了杂志的品质

（1）满版型构图

这是一种商业广告常用的构图版式。满版型构图中，图形占据整个版面，文字可分为标题、正文等层次配置或压置于图形上。文字部分无论从信息量还是所占空间大小都相应弱化，精美的图形在形式和内容上都具有视觉冲击力，版式效果大方舒展。版式的视觉流程往往是从图形的精彩之处开始，到说明性文字或商标等辅助图形结束（见图 4-17 和图 4-18）。

摄影师拍摄照片或艺术家在绘制画面时，都会非常看重构图，因此选择在版式中使用的图形时通常会把构图作为重要的考虑因素。有些图形的构图不尽如人意时，通过简单的裁切、褪底或合成，就可以突出图形的信息主体。

（2）留白型构图

留白区域的设置，能够有效地营造出版式的空间感。版面率与图版率低的版式，会给人冷静、闲情、空旷的感觉。留白型构图的作用主要有以下几点：

①给版式留出阅读的喘息空间；

②使图形和大段的文字分离开来，有助于版式层次感的形成；

③暗示被留白区域包围的元素的重要性；

④大面积留白设计的版式能够传达奢华感和空间感，提升版式的品位。

版式中的留白区域及负空间的重要性和被设计元素是同等的，它可以让读者的视线停留，整理和联系所看到的视觉元素，体会版式主题内容的传达（见图 4-19、图 4-20）。

图4-17 满版型构图的版式效果非常具有冲击力，图形的选择必须能够充分表达主题思想，文字在编排时应注意层次的过渡

图4-18 宝路狗粮系列广告，满版型构图，视觉张力强

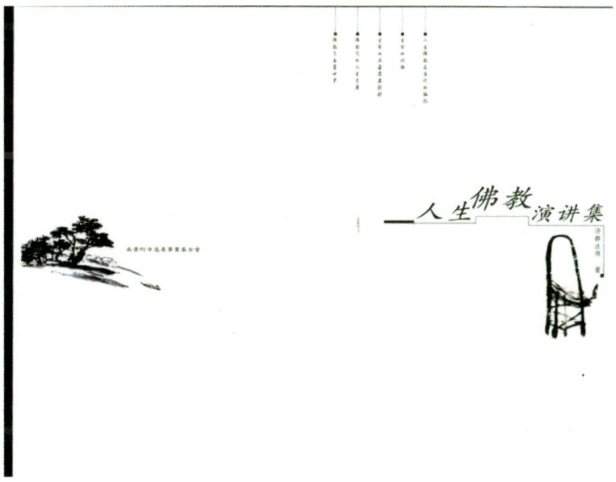

图4-19 具有国画风格的留白型构图版式，突出了黑色图形的重要性

图4-20 版式中的纯色区域相当于留白空间，这种构图的主要目的是规划出阅读区域

2. 以版式元素的布局来分

对于具有明显且较为规整的图文分割区域的版式，可从版式元素的布局位置来分为上下型构图和左右型构图两种类型。

（1）上下型构图

整个版式分成上下两部分，分别编排图形和文字。上下两部分内容会形成清晰的对比效果——图形部分感性而有活力，文字部分则理性而平静（见图 4-21、图 4-22）。

（2）左右型构图

整个版式分成左右两部分，分别编排图形和文字。由于人们具有左右对称的视觉平衡习惯，因此这种构图版式中的左右两部分容易形成强弱对比。在编排过程中，可以将左右线隐性虚化，或者将文字左右适度错位穿插，会起到较好的平衡效果，版式也容易显得和谐（见图 4-23、图 4-24）。

（3）对角线构图

对角线构图就是在版面对角线的两端放置同样大小的图形，彼此呼应，使版式产生沉稳安定的感觉，有效地将读者的视线集中于版面的中央，以便仔细地阅读文字（见图 4-25、图 4-26）。

（4）四角形构图

四角形构图就是在整个版面的四角及连接四角的对角线上进行图形编排，这种结构的版式，给人以严谨、规范的感觉（见图 4-27）。

图4-21 不同分割比例的上下型构图，图文分区明确，可适当进行穿插以求变化

图4-22 上下型构图

图4-23 左边褪底图形的曲线轮廓与右边文字的融合，柔和了图文界限

图4-24 文字与图形穿插式的编排，平衡了版式的色彩效果

图4-25 分别是两种方向的对角线构图形式，版式中图形和文字的编排有一定的规律性（一）

图4-26 分别是两种方向的对角线构图形式，版式中图形和文字的编排有一定的规律性（二）

图4-27 四角形构图的版式图形信息量较大，文字可根据图形信息对象的疏密层次进行灵活编排

3. 以版式元素的组合形态来分

通过版式元素的组合形态巧妙地设计构图，可以丰富版式的视觉效果。常见的构图形式有曲线型构图、倾斜型构图及三角形构图。

（1）曲线型构图

曲线型构图是通过将图形、文字等编排成曲线的方式对版式进行分割构成，形成流动、轻盈甚至是节奏、韵律的视觉效果。另外，如果将图形与文字进行曲线呼应编排，能够起到强调图形轮廓、加强动感走势的效果。曲线型构图一定要注意曲线的细节设计，避免形成呆板、不自然的弧度（见图 4-28）。

图4-28 分别是各种曲线型的构图形式，曲线角度配合图形对象的大小对比，不但有效分割版面，营造虚实空间，更提升了静态版式的灵动感

（2）倾斜型构图

倾斜型构图是通过将版式主体形象或多幅图版做倾斜编排，造成版式强烈的动感和不稳定因素，从而起到引人注目的视觉效果。倾斜感和不稳定感产生的强度与主体图形对象的透视角度及版式的重心设计密切相关（见图 4-29、图 4-30）。

（3）三角形构图

在图文形象中，正三角形（金字塔形）是最具安全稳定因素的形态。版式采用三角形构图的具体方法就是将主要视觉元素呈三角形排列。三角形构图可以通过方向上的改变来加强版式气质的多变性，比如倒三角形构图会产生活泼多变的感觉；侧三角形构图会使版式显得既安定又有动感。

倒三角形构图方式非常适合需要放置多张图形的版式，就是在版面上半部放置大型图形以及表现力较强的图形，强化其比重之后，在版面下半部朝着装订边方向，逐渐减少图形数量，呈现出倒三角形的构图形式。这样可以使读者按照从上而下的顺序阅读版面，极大地提高了读者阅读版面正文的兴趣。（见图 4-31~ 图 4-33）。

图4-29 倾斜的文字组合面分割版面，构图重心较上，背景角度统一的线条设计强调了版式潜在的秩序感

图4-30 不规则编排倾斜部分是文字与图形的组合，构图重心较下，整体版式体现出较强烈的不稳定感

图4-31 倒三角形构图，文字与图形的穿插对比显示出一定的动感

图4-32 正三角形构图，图形对文字有阅读指引作用

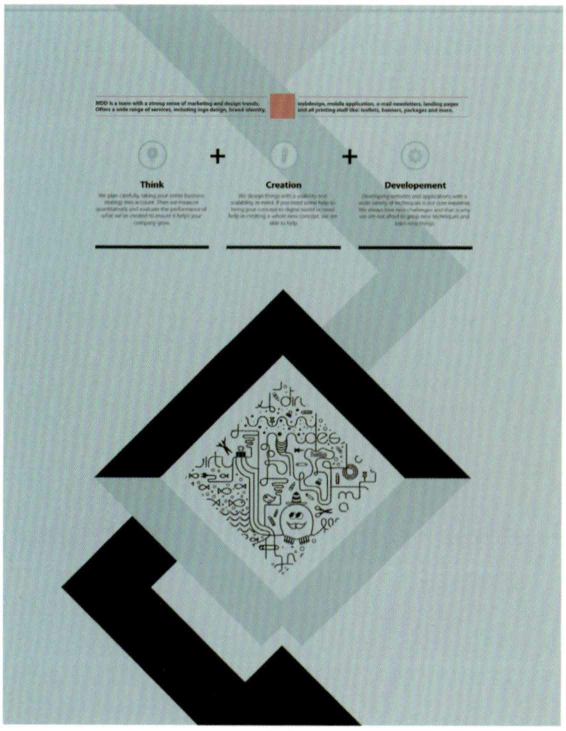

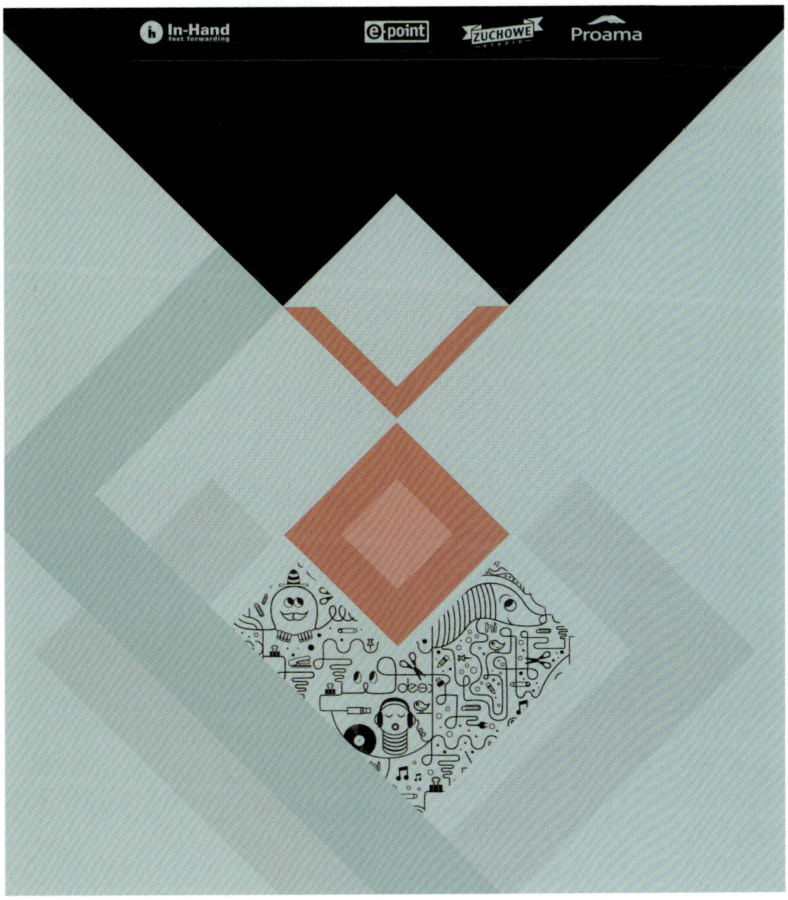

图4-33 本组系列版式中，兼有正三角形构图与倒三角形构图两种形式，整体版式稳定自然，有较强的平衡感

4. 以版式编排的规律性来分

版式设计是理性与艺术的结合过程，因此很多版式都可以找出其编排的规律性。从版式编排的规律性来分析，主要有骨骼型构图、并置型构图和自由型构图三种类型。

（1）骨骼型构图

骨骼型构图是指版式元素按照规范理性的骨骼线进行编排布局，并能直观清晰地反映出版式编排规律的构图方式，较多用于杂志、报刊、样本等的版式设计中。常见的骨骼有竖向通栏、双栏、三栏和四栏等，一般以竖向分栏为多。图形和文字的编排严格按照骨骼编排，给人严谨、秩序和理性的感觉。骨骼经过相互混合后的版式，也可以显得既有条理又活泼、又弹性（见图4-34、图4-35）。

（2）并置型构图

并置型构图即将相同或不同的图片作大小相同而位置不同的重复排列。并置型构图的版式有比较、说解的风格，能够给予原本复杂喧嚣的版式以次序、安静、调和与节奏感（见图4-36）。

（3）自由型构图

自由型构图在版式设计时强调感受性原则，较注重自由、随机和偶然性的空间运动感。这种设计貌似随性而为，其实在内涵上蕴含着设计者独具匠心的创意追求。例如将图与图、图与文字进行自由的散点构成，形成一种随意的、不经意的视觉效果（见图4-37）。

图4-34 经过混合的骨骼，使版式编排有细节变化

图4-35 版式采用了系列商品包装中常见的骨骼型构图

图4-36 典型的并置型构图，对称平衡，秩序感极强

图4-37 自由型构图的版式结合了多种编排手法，具有耐人寻味的视觉和心理感受

二、版式构图的原则

版式构图的手法是多元化的，具有突破性的编排表现固然值得提倡，但大多数的版式作品是为商业宣传服务的，过分强调个性的构图设计可能会存在风险。因此在构图时，应尊重受众的视觉习惯及心理接受能力，遵循如下原则。

1. 主次分明

构图的主要目的是通过版式元素的布局编排来设计视觉流程，因此必须体现主次关系。编排和处理各种素材的主次关系，体现着设计师的基本原则倾向。主次含混，就会模糊甚至歪曲版面所传递的信息内容；主次分明，才有利于版式信息的有效传递。因此，基本素材的角色轻重在版式构图中的执行结果就是主次关系的体现（图4-38~ 图 4-40）。

图4-38 图形具有相似的单元造型，通过疏密对比有效地强调了版式图形信息的主次关系

图4-39 书法风格的汉字与形成背景的英文通过色彩对比拉开了层次，使“音乐”两字成为版式的主体信息

图4-40 色彩丰富的插图与灰蓝色的色块形成明显的主次对比，两个同样色彩不同大小的圆形色块更配合指示出版式的信息等级

2. 相互呼应

构图时，对版式中信息层次相当的元素应当利用共性设计呼应关系，以便更好地引导视线在版式空间各区域有效地穿插联系。相互呼应可以使得具有同等属性的视觉元素能够被读者自觉地联系到一起，并进行跳跃式的阅读，视觉流程也就自然形成了。具体可以通过版式元素在形态、大小、位置甚至色彩上的呼应来实现（见图 4-41~ 图 4-43）。

图4-41 文字、色块及图形的相同色调均形成了色彩呼应关系

图4-42 版式中两个绿色的衬图有效进行了版式信息的呼应及内在风格的联系

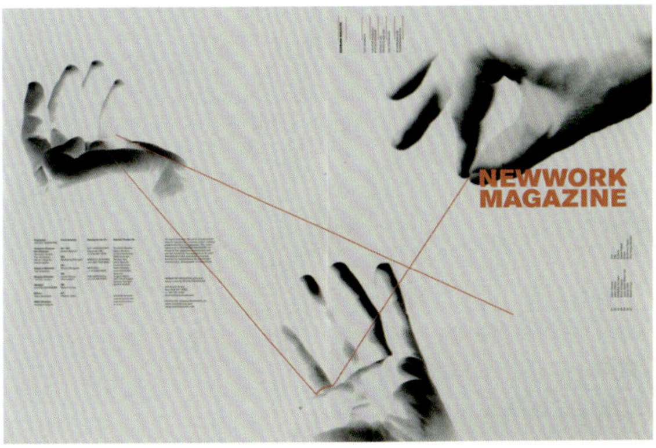

图4-43 不同大小和角度的三种手势既保持了图形内在关系的联系性和呼应性，又有极强的形式变化感

3. 协调平衡

协调平衡是构图的整体印象，并不是指版式元素的编排一定要对称均衡。简单地说，就是要有章法地进行构图，让人感觉舒服。例如对需要进行大小对比的图片，必须权衡和把握其对比的尺度，对比尺度过小会让人感觉混乱，对比度过大会导致版式失衡，甚至让人质疑某些元素存在的必要性。

另外，版式中使用的图形素材可能风格不一，需要在一个版面里实现统一。比如用相同形状衬体来处理不同轮廓的图形；或用同一种色调来处理不同颜色的图片等，都是协调平衡版式构图的方法（见图 4-44、图 4-45）。

图4-44 美国当红乡村音乐歌手Tylor Swift的RED音乐专辑歌词册的设计，人物各种照片的色调、文字的色彩等都进行了统一和平衡

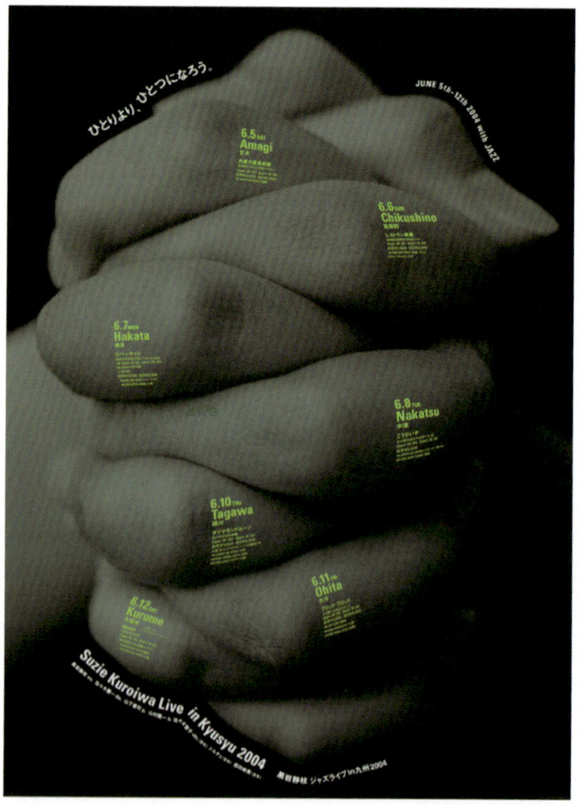

图4-45 日本知名设计机构Terashima Design的海报作品，黑灰主题图片上压置了高饱和度的绿色文字，并呈对称式排列；白色文字围绕手形排列进行轮廓的强调，对比色彩的应用比例和位置都极好地进行了协调和平衡

第三节 版式风格的定位与设计

一、版式构图的分类

版式风格的定位不是随心所欲的，我们常说“做什么就要像什么”，就是指设计风格要与设计主题、使用环境等匹配、吻合，并能够被受众接受。

1. 明确设计主题内容

接手一个版式设计任务后，首先需要明确设计主题，清楚地知道要设计的内容和形式，有目的地进行图形素材的选择、制作及文字内容的组织和规划。由于客户给的设计和制作时间往往是有限的，避免边设计边找素材的有效方法就是设计前一定要根据主题尽可能多地进行资料的收集，整体规划，才能保证顺利、高效的设计。

2. 确定版式作品的受众

无论是平面广告、交互界面还是样本型录，版式作品必定有其受众面。对版式风格进行设计，必须确定其受众群体及使用环境，了解并分析受众特点及视觉心理。一个成功的商业版式作品，其设计风格与受众定位肯定是相互联系、相互作用的（见图 4-46~ 图 4-48）。

图4-46 韩国泰迪熊博物馆宣传册，由于游客群体众多，受众面较广，色彩选用明亮的橙色，并使用各种展示形象的图片，风格明朗清新

图4-47 传统划艇基地宣传册，其观光群体主要是成年人，因此图片多选择展示形象、文化背景、制造工艺等图片，展现版式图文并茂的说明风格

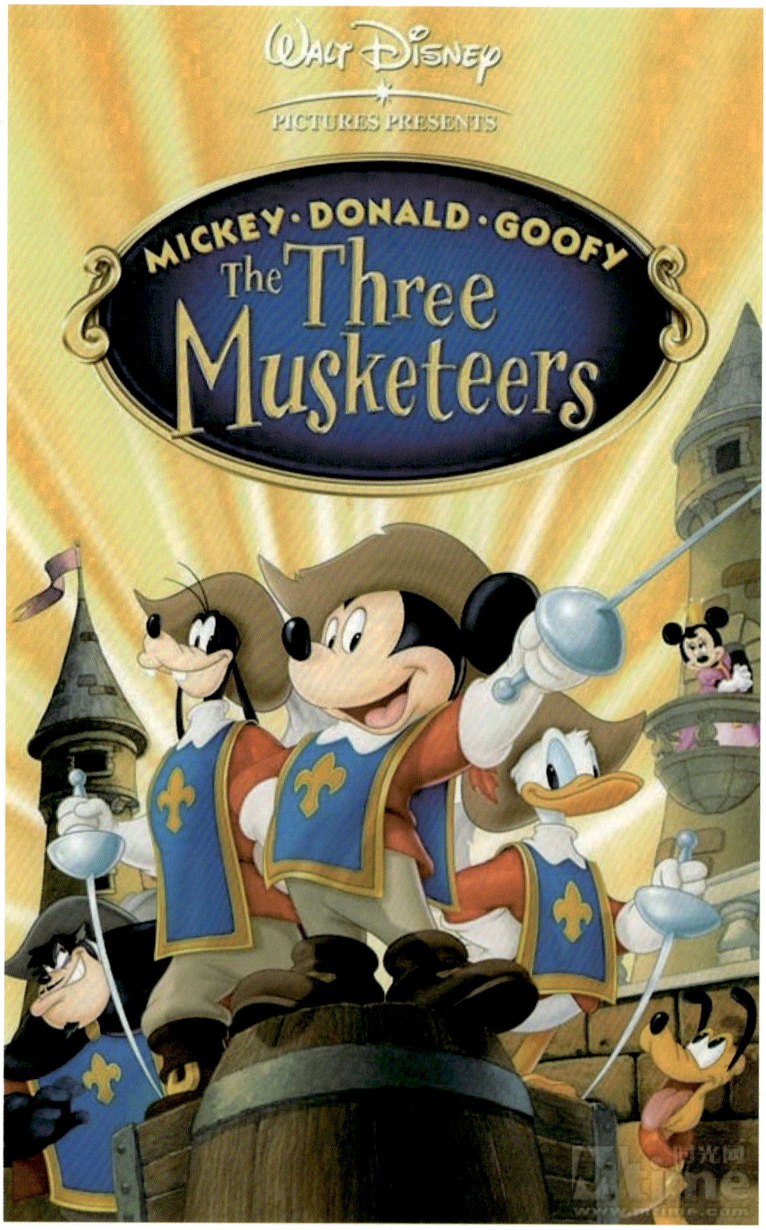

图4-48 游乐场的宣传册，其游客主要是由父母陪伴的儿童，因此在版式编排中选用吉祥物、卡通形象人物及家庭游乐场面的图片，营造欢乐、可爱、热闹的版式风格

二、图形的选择

图形内容直接关系版式主题内容和版式风格的体现，因此图形的选择是版式设计的重中之重。在实际工作中，设计师应当积累收集大量的图片，并注意分门别类才能保障设计的顺利实施。

尽管图形数量繁多，但归纳起来大致分为人物、动物、植物、风景、食品、工业产品及插画七大类。众多图形素材网站中也基本按照这七大类进行图片的分类汇总。

1. 人物

人物类的图形可用于众多主题和风格的版式，在选择时应考虑性别、年龄、表情、穿着、动作、所处的环境等因素（见图 4-49）。

2. 动物

动物类图形一般用于商业宠物、生态写实或是广告拟人形象等主题的版式，在选择时应考虑动物的种类、表情、皮毛质感、奔跑体态、精神状态、拍摄环境等因素（见图 4-50）。

3. 植物

植物类图形适合在版式中作为渲染环境气氛的素材出现，选择时应注意数量、色彩、天气、室内（外）等因素。

图4-49 以人物形象为主的海报

图4-50 以动物形象为主的宣传册及广告

4. 风景

风景类图形可用于版式的背景素材，能够准确传达出地理风貌及民族风情，可以渲染环境气氛并表现出一定的情感特征，选择时应注意拍摄角度、色彩倾向等因素（见图 4-51）。

图4-51 以风景为主体形象的海报及样本内页

5. 食品

食品类图形常用于体现生活化特点的版式设计中，选择时要注意色泽、原料组成、形态、餐具陈设、品相等因素（见图 4-52）。

图4-52 以食品为主体形象的杂志内页和广告

6. 工业产品

工业产品类图形适合用于说明介绍类的版式中，选择时要注意拍摄角度、产品细节、使用人物的表情、使用场景气氛等因素（见图 4-53）。

7. 插画

插画类图形与其他图形相比，其风格更加艺术化、情境化，通常为某个故事或场景而作，具有一定的叙事性和说明性，选择时一定要注意意境、色彩、构图、时代性，以及是否与主题相符等因素（见图 4-54）。

图4-53 佳能相机广告

图4-54 插画版式

三、版式风格的设计

图形的选择完成之后，应当找出图形与其他排版元素之间的关系，包括图形与配色、图形处理方式、图文比例等。这些关系的表现呈现在具体的编排形式中，同时树立了版式的风格（见图 4-55~ 图 4-58）。

图4-55 剧情式主题版式，风格清新文艺

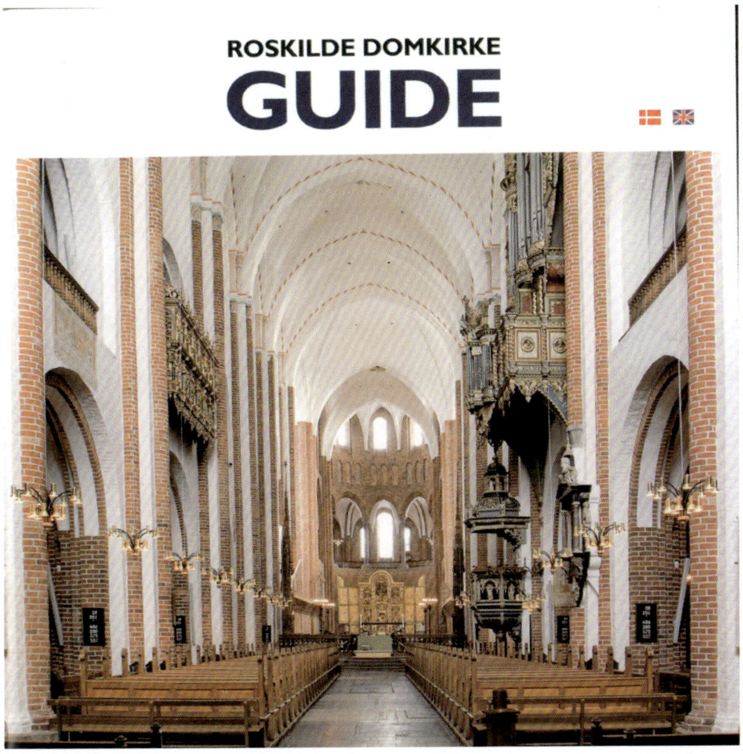

图4-56 灭点透视的实景图片作为版式的主要信息区域，采用典型的上下构图形式，风格严肃庄重

图4-57 时尚信息主题版式，大面积使用褪底图形的堆积效果，风格华丽热闹

图4-58 产品的特写图片占据绝对优势的版面空间，产品细节的精密特质体现足够的科技感

单元练习 1. 单图版式训练

作业要求：使用文字和一个图形进行单图版式编排。

训练时间：8 课时。

单元练习 2. 多图版式训练

作业要求：以时尚流行趋势为题进行多图版式编排。

训练时间：8 课时。

（图 4-59~ 图 4-63）

图4-59 多图版式训练学生作业展示

图4-60 多图版式训练学生作业展示

图4-61 多图版式训练学生作业展示

图4-62 多图版式训练学生作业展示

图4-63 多图版式训练学生作业展示

CHAPT

ER 5

第五章
网格设计

版式设计是现代艺术的重要组成部分，对视觉传达效果的改善有重要的作用。网格系统作为版式设计中最重要的环节，能够使平面设计作品在视觉效果上更统一，并强化秩序感。

- 学习目标：了解网格设计在版式设计中的重要性；掌握网格设计的方法步骤。

- 学习重点：网格设计的方法步骤；网格设计的风格应用。

- 训练学时：8 学时。

第一节 网格的概念

网格作为一种行之有效的版式设计形式法则，将构成主义和秩序的概念引入到设计中，使所有设计元素之间的协调一致成为可能。

网格，又叫栅格，是安排均匀的水平线和垂直线的网状物，产生于20世纪初叶的西欧诸国，完善于20世纪50年代的瑞士。

网格设计就是在书页上按照预选好的格子分配文字和图片的一种版面设计方法。这种版面设计方法和古典设计、自由设计构成现代版式设计三大样式，三种样式各有所长，相互影响，平行发展。

网格系统在一定程度上可以保持版面的均衡感，使图片文字有一个排列的规则和系统，避免版面的混乱，网格对版面具有规划作用（见图5-1）。

图5-1 分别为未使用网格和使用网格后的版面效果。网格系统使整个版面井然有序、均衡协调

第二节 网格系统的分类

由于现代版式设计的高速发展，网格的运用变得广泛而复杂，归纳梳理网格主要分为对称式网格和非对称式网格两种。

一、对称式网格

对称式网格，类似于镜面效果，主要作用是平衡协调左右版面。对称式网格分为六种形式，分别为单栏对称网格、双栏对称网格、均衡双栏对称网格、三栏对称网格、多栏对称网格、对称式单元格网格。

1. 单栏对称式网格

单栏对称式网格的版面中一般用以大型图片的置入，或将文字通栏排列。这种编排方式整齐大气，联系紧密，通常图版率较高，但也相对单调，长期阅读会导致视觉疲劳，因此单栏式网格的中文长度一般不超过 60 个字。单栏对称式网格一般用于文字性书籍，如小说、文学著作等（见图 5-2、图 5-3）。

GONDOLEN Features Stockholm's singularly most spectacular view, 33 meters above the sea level, overlooking Stockholm's city center and harbor. The restaurant serves high-quality Swedish and international delicacies. It also has a popular cocktail bar. Stadsgården 6, +46 8 641 70 90, www.eriks.se

URBAN DELI On Nytorget, in the heart of Södermalm, you will find this urban food store, deli, restaurant and bar. You can come here, regardless of whether you're looking for breakfast, lunch or dinner. It has great focus on ecological and local foods. Always crowded. Nytorget 4, +46 8 599 091 80, www.urbandeli.org

PUBOLOGI According to themselves, this is not a pub, restaurant or bar, but rather a mix of all three. A kind of gastropub. This year, it received a Bib Gourmand from Guide Michelin, an award given to restaurants serving well-cooked food that is reasonably priced. Stora Nygatan 20, +46 8 506 400 86, www.pubologi.se

TJOGET Near Hornstull, you will find this newly opened experience in three parts. These include the restaurant Linje Tio, with roots in Southern Europe, the patisserie Bisou Bisou and the barber shop Roy & Son, all focused on their respective handicraft. Cozy atmosphere, open from early in the morning until late at night. Hornsbruksgatan 24, +46 8 22 00 21, www.tjoget.com

BOQUERIA A Spanish influenced trendy tapas restaurant in the newly opened Mood shopping mall. In the "square" everything from breakfast to tapas and drinks are served. The restaurant, secluded from the shops, serves both main and small dishes. Jakobsbergsgatan 17, +46 8 30 74 00, www.bouqueria.se

GOOD VALUE FOR MONEY!

SYSTRARNA LUNDBERG A popular, local restaurant, serving generous portions that are reasonably priced, located at the nice street Rörstrandsgatan in Vasastan. It's always crowded and as it doesn't accept booking, you must be early to get a table. Rörstrandsgatan 12, +46 8 30 57 47, www.systrarnalundberg.se

KVARNEN Legendary restaurant, beer hall and meeting place with a hundred year history, located in the old worker's part of the city, Södermalm. Known from the Millennium books and films and a place many people want to see in real life. It serves well-cooked classic Swedish traditional dishes in a beautiful setting. www.kvarnen.se

RÅKULTUR The acclaimed Asian little sister of the top restaurant Esperanto offers fresh and beautiful sushi, sashimi and other Asian fish dishes at a very reasonable price. The concept is to serve raw food. Sayan Isaksson,

36 GUIDE STOCKHOLM 2013

图5-2 单栏对称式网络，具有鲜明的对称性

图5-3 国外金融类报刊中有趣的单栏对称式网格

2. 双栏对称式网格

双栏对称式网格可以是左右对称，也可以是上下对称。较单栏对称式网格更丰富，双栏将视线自然分开，避免阅读长距离的文字产生枯燥感，同时双栏可以更好地平衡左右页面，使阅读更流畅，但这样的版式也相对缺乏变化。双栏对称式网格在当下图文结合的书籍中运用十分广泛，如时尚杂志、艺术类参考书内页正文等，是能够较好地传递图文信息的分栏方式。

3. 均衡双栏对称网格

均衡双栏对称网格是基于双栏对称网格的改良，其最大的特点是在中轴线的两侧造型要素不必相同或者相等，这样的双栏对称打破了对称产生的呆板感，在对称中寻求一种体量感的平衡。

4. 三栏对称式网格

三栏对称式网格适合信息文字较多的版面，这种运用方法也比较常见，打破了单栏的严肃感，也比双栏设计形式感更强（见图 5-4）。

5. 多栏对称网格

多栏对称式网格使版面具有活跃性，图文的编排结合方式更多元化，适合编排一些有关表格形式的文字，比如，联系方式、术语表、数据目录等（见图 5-5、图 5-6）。

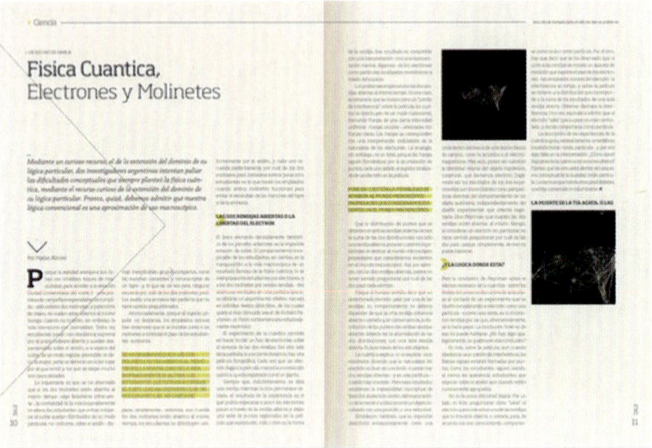
Fisica Cuantica,
Electrones y Molinetes

图5-4 三栏对称式网格

ΠΕΡΙΕΧΟΜΕΝΑ

图5-5 国际时尚报纸的单页，版面中所有的标题、图片、正文等大部分信息被规整在四个竖栏中排列，配合色彩信息较少的黑白灰图片，理性、简练

36 BEAUTY
Το άρωμα του κύρους
BEAUTY 37
Τα καλύτερα νέα

图5-6 国际时尚报纸，上半部分的大量文字信息采用多栏对称网格，将大量的香水瓶图片通过褪底处理参差排列在版面下半部分，减少阅读疲劳感

6. 对称式单元格网格

对称式单元格网格是将版面分成同等大小的单元格，再根据版面需要编排文字和图片。在编排过程中，单元格之间的间距可以自由调整，但是每个单元格四周的空间距离必须相等。对称式单元格网格保证了页面的空间感与规律性，整个版面规则、整洁（见图 5-7、图 5-8）。

图5-7 国外手机品牌样本封面——对称式单元格网格

图5-8 国外杂志内页——对称式单元格网格。将完整的图片解构后放置到不同的单元格中进行重构，打破了对称式单元网格的沉闷

二、非对称网格

非对称网格结构是指根据设计诉求调整网格栏大小比例，栏目数量和置入元素不尽相同，整体版面比对称网格更灵活生动。非对称网格主要分为非对称栏状网格与非对称单元格网格两种。

1. 非对称栏状网格

非对称栏状网格可以分为两种情况。一种是左右版面栏数基本相同，但是两个页面的图、文编排位置不对称；另一种是左右版面的网格栏数不对称（见图 5-9、图 5-10）。

图5-9 国外报纸内页，左右版面栏数和图片均不对称

图5-10 非对称栏状网格——加拿大UBC校友杂志内页

2. 非对称单元格网格

非对称单元格网格是指版面中划分的单元格各不相同，根据版面的需要可以把将文字与图形任意编排在单元格中，非对称单元网格版式形式多样、错落有致、层次清晰（见图 5-11、图 5-12）。

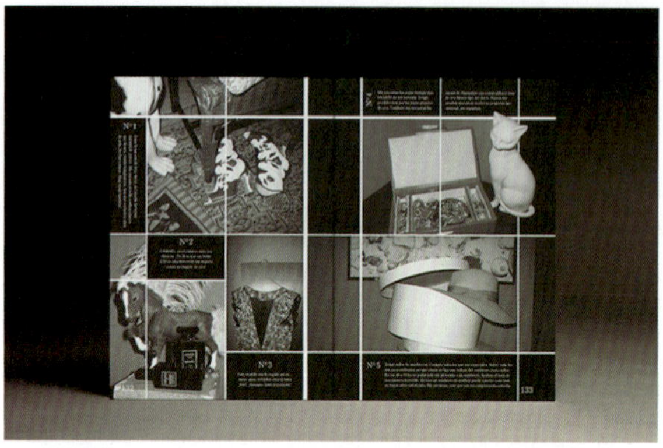

图5-11 国外杂志内页，非对称单元格网格

图5-12 国外杂志内页，竖栏对称、纵栏非对称单元格网格

三、成角网格

成角网格是指在版面中图片设置成随意角度。这种网格形式能够给设计师很大的创意发挥空间。需要注意的是在设置成角网格角度的时候，要考虑到视觉流程及版面的阅读特征。一般情况下，出于对页面构图、连贯性等方面的考虑，成角网格通常只用一个或是两个角度，使版面结构与阅读习惯在最大程度上达到统一。网格与基线一般呈 45°角，建议文字向上倾斜。这样的版面编排方式，可以使页面内容清晰，具有导视方向性（见图 5-13）。

图5-13 与基线成45°的成角网格，有些版面文字根据网格线顺势编排，有些则仅通过网格线达到版面分割的目的

第三节 网格系统的建立方法

版式设计中网格设计的概念类似于平面构成中的骨骼。横梁结构、设计网格都是看不见的基础结构，但内在却有着理性严谨的规律。网格设计能够让版式的比例感、秩序感、系列性、现代感等方面有较强的显示效果。

一、版心确定

首先，根据设计内容的性质确定版面开本大小，其次根据版面风格设定确定版面率，最终确定页面版心。

二、分栏设计

了解排版的内容，确定版心的大小、文本的数量、图片的分辨率和数量、版面的数量后，可以开始分栏。竖栏形成的网格直接引导图文排放的位置。

分栏包括确定分栏的栏数（即竖栏列数）和分隔栏的高度。

1. 竖栏设计

纵向栏目的多少直接影响版面的设计风格和感觉，一般如网页、样本、杂志等版面竖栏不宜过宽，可以将竖栏分为2~4栏，行距一倍于字距，便于阅读。

2. 栏高设计

根据文字体量估算出分隔栏高度，将文字套入版心，通过调整字体大小和行间距使文字和网格搭配起来，最终确定分隔栏高度。通常情况下，系列性较强的版式设计竖栏变化不大，主要依靠调节竖栏高度打破固有格局，实现统一中求变化（见图5-14）。

图5-14 烈酒品牌DIAGEO样本册

三、内容置入

纵横分栏确定后，整体版面有很多格块。遵循网格的基本布局，将文字、图片等页面元素置入版心。通过调整字体的大小和行间距使文本与网格配比。就现有网格自由地选择使用方式，可以将每一个网格单元都加以利用，也可以只利用部分网格单元，或者合并某几个网格进行运用。在每个网格项中，既可以全部占满，也可以部分利用。

纵横分栏确定后，整体版面有很多格块。遵循网格的基本布局，将文字、图片等页面元素置入版心。通过调整字体的大小和行间距使文本与网格相配比。就现有网格自由地选择使用方式，可以将每一个网格单元都加以利用，也可以只利用部分网格单元，或者合并某几个网格进行运用。在每个网格项中，既可以全部占满，也可以部分利用。

1. 标题

在系列版式设计中，标题应根据层级关系进行阶梯化预设，并在多页面上形成统一。通常情况下，标题和竖栏骨架关系原则是以稳定平衡为主，如：一般标题会和竖栏骨架对齐，或在竖栏区域内居中等。

2. 照片、图形

照片和图形可以根据网格进行规整排放，也可以合并几个单元网格或越格穿插使版式产生变化（见图 5-15）。

3. 其他

版面中一些看似琐碎的元素实际上能起到意向不到的作用，如页码、图片脚注等。页码作为平面构成中的点元素不仅起到导视作用，还可以结合图形、线条或其他单独的字句如书名、章节名称等一起设计，装饰页面（见图 5-16）。

4. 脱格完成

将网格使用完成之后，应删除网格辅助线。版式最终将呈现相互联系、井然有序的视觉效果（见图 5-17）。

图5-15 个别图片占据了多个单元格，这样的处理反而会因为图片大小交错而产生层次感

图5-16 页码与标题进行组合编排，并做异色处理，起到导视作用，还装饰了版面

图5-17 看似毫无关系的版面，经过网格线的重现，可以发现各元素之间有息息相关的联系

第四节 网格系统的设计技巧

一、网页版式网格

网页版式一般由首页和内页组成，网格感强，设计重点略有不同。

首页概括性高，主要突出表现视觉张力，清晰陈列各分页面栏目。内页则以具体说明展示信息为主，通常情况会在固定的版心宽度下进行分栏设计，通过图文的位置调换、组合及色彩的局部改变来实现细节变化（见图 5-18~ 图 5-21）。

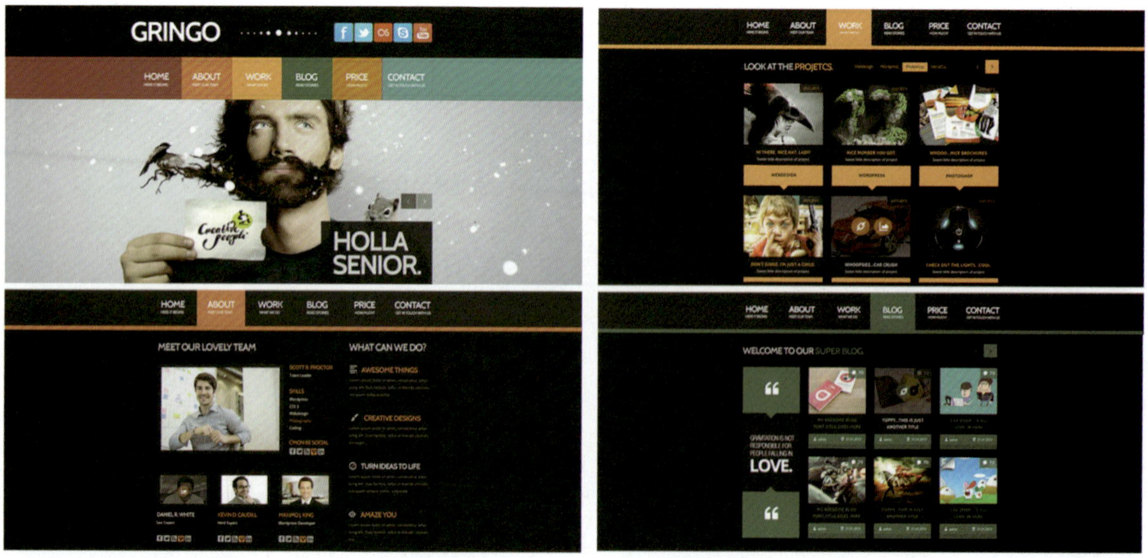

图5-18 Gringo网站设计。网页被固定划分为上、下两部分。上半部分为分栏选择区。整体版面网格清晰，每个分页色调对应首页分栏色块色调，各内页页面版心宽度固定，分有三栏和四栏的骨架，每一个网格单元结合相应色彩色块进行更明晰的区域划分

图5-19 Corona WordPress Theme主页，四栏网格，黑白色调，排版简练，阅读性很强

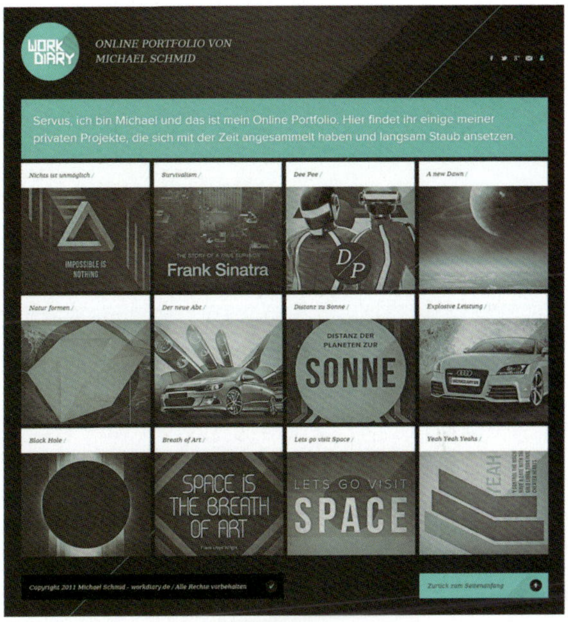

图5-20 Workdiary主页，对称单元格网格的典型运用

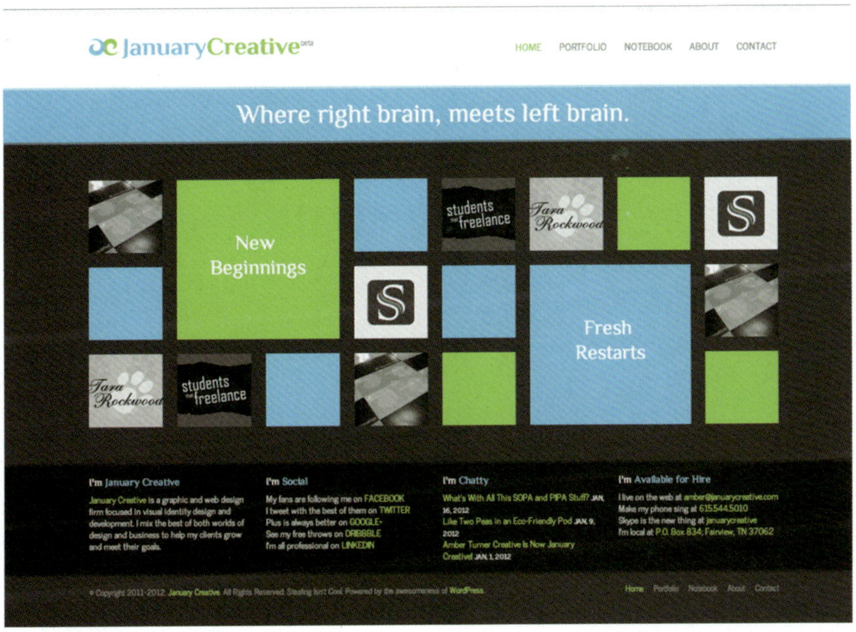

图5-21 January Creative 网页。版面利用蓝、绿色块加强了网格的分隔作用，个别色块进行了组合合并，产生大小不一的层次变化，相关文字信息位于版面下半部分，并分成四栏，秩序井然

二、样本版式网格

样本具有页面多、信息量大的特点，设计时需要对网格系统作适当变化，以提高读者的阅读兴趣，通常有如下设计技巧：

①对个别页面图片进行跨栏跨页拉伸、溢出等特殊处理；

②在竖栏变化条件有限的情况下变换栏高；

③将某个图形在不同页面中穿插以求得变化（见图 5-22~ 图 5-26）。

图5-22 日本KDDI公司VIS手册，内页中文字信息量多的部分通过两栏网格分隔规划，个别页面中运用横向郁金香花瓣弧线变形穿插使用，减少大量文字带来的枯燥感

图5-23 英国Diageo公司VIS手册，版面通过几何形进行区域分隔，增加版面层次，通过几何形态的微调，使每个页面产生变化。由于文字信息较多，竖栏分隔较多，并集中排列在一个区域，版面产生疏密对比

图5-24 NLMK钢铁公司企业年报，每页都采用统一的两栏式不对称网格系统形成强烈的系列感，照片与色块结合，并结合企业发展情况呈现向上阶梯式设计，将读者的视线自然引导到右侧文字部分，版面有疏有密，虚实有致，右侧的留白使画面有了呼吸的空间

图5-25 Aber公司2005年年报，左侧照片取自该公司矿石和挖掘机，满版构图和右侧大面积留白形成强对比，右侧公司形象产品及原料信息文字因页面不同略作位置调整，这种排版既打破了单调的格局，又给产品足够的展示空间

图5-26 国外企业样本，版面被斜线跨页划分，形成了不对称的左右区域，空白区域文字根据内容不同分为两栏，每页栏高不同，统一中不乏变化

三、系列广告版式网格

系列广告招贴、海报、包装等的版式设计不同于报纸、杂志，网格系统大多没有明显的网格形式，版面的编排元素一般通过相对固定的编排位置和比例关系等来体现出作品的系列感（见图 5-27~ 图 5-29）。

图5-27 LEVI' S系列广告设计，版面看不到明显的网格，态度积极的图片人物形象、风格近似的字体，加之统一的品牌LOGO多次重复营造出强有力的识别性，使读者加深对品牌的记忆

图5-28 梅赛德斯-奔驰的系列招贴设计。版面中左脑和右脑通过各种表现手法形成强对比，而文案部分对称编排，虽没有明显的网格线，但能快速定位各元素在版面中的位置

图5-29 耐克系列招贴，版面依靠霓虹色调的摄影图片、相同字体、统一的品牌LOGO形成系列感，版面中标题和文案字级不同形成前后对比，采用一端对齐格式附于图片之上，虽没有具体网格，但版式编排方式有规律可循

单元练习 样本设计训练

作业要求：以“印象无锡”为主题完成样本设计，不少于16幅（图5-30）。开本尺寸不限。

训练时间：8 课时。

（图 5-30）

图5-41 “印象无锡”样本设计效果图

CHAPT

TER 6

第六章
综合设计及优秀版式作品欣赏

▶ 学习目标：通过单页面版式到多页面版式的设计，将所学知识点综合运用，积累设计经验，养成良好的设计习惯。

▶ 学习重点：设计技巧的总结与应用。

▶ 训练课时：28 课时。

第一节 综合设计

一、商业 DM 设计

设计要求：餐饮类的优惠券。

训练时间：8 课时。

无锡职业技术学院学生单元练习作品展示 (见图 6-1)。

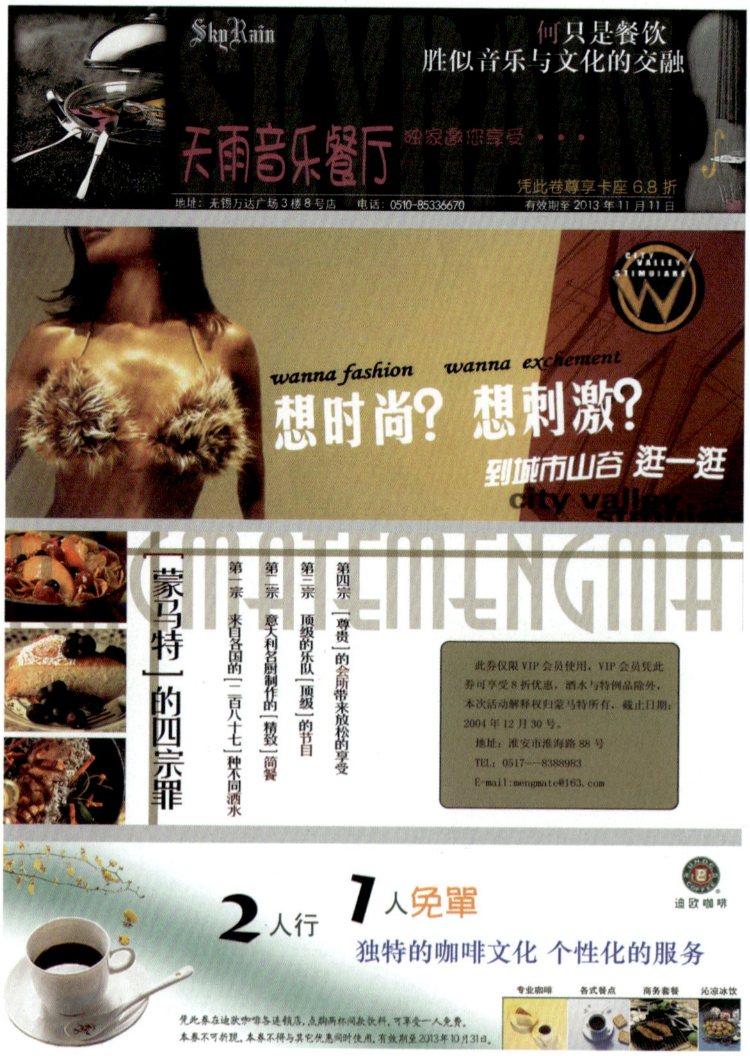

图6-1 无锡职业技术学院学生单元练习作品展示

二、网页版式设计

设计要求：设计个人网站的主页。

训练时间：8 课时。

无锡职业技术学院学生单元练习作品展示（见图 6-2）。

图6-2 无锡职业技术学院学生单元练习作品展示

三、系列版式设计

设计要求：以自定主题进行系列版式设计。

训练时间：12 课时。

无锡职业技术学院学生单元练习作品展示（图 6-3）。

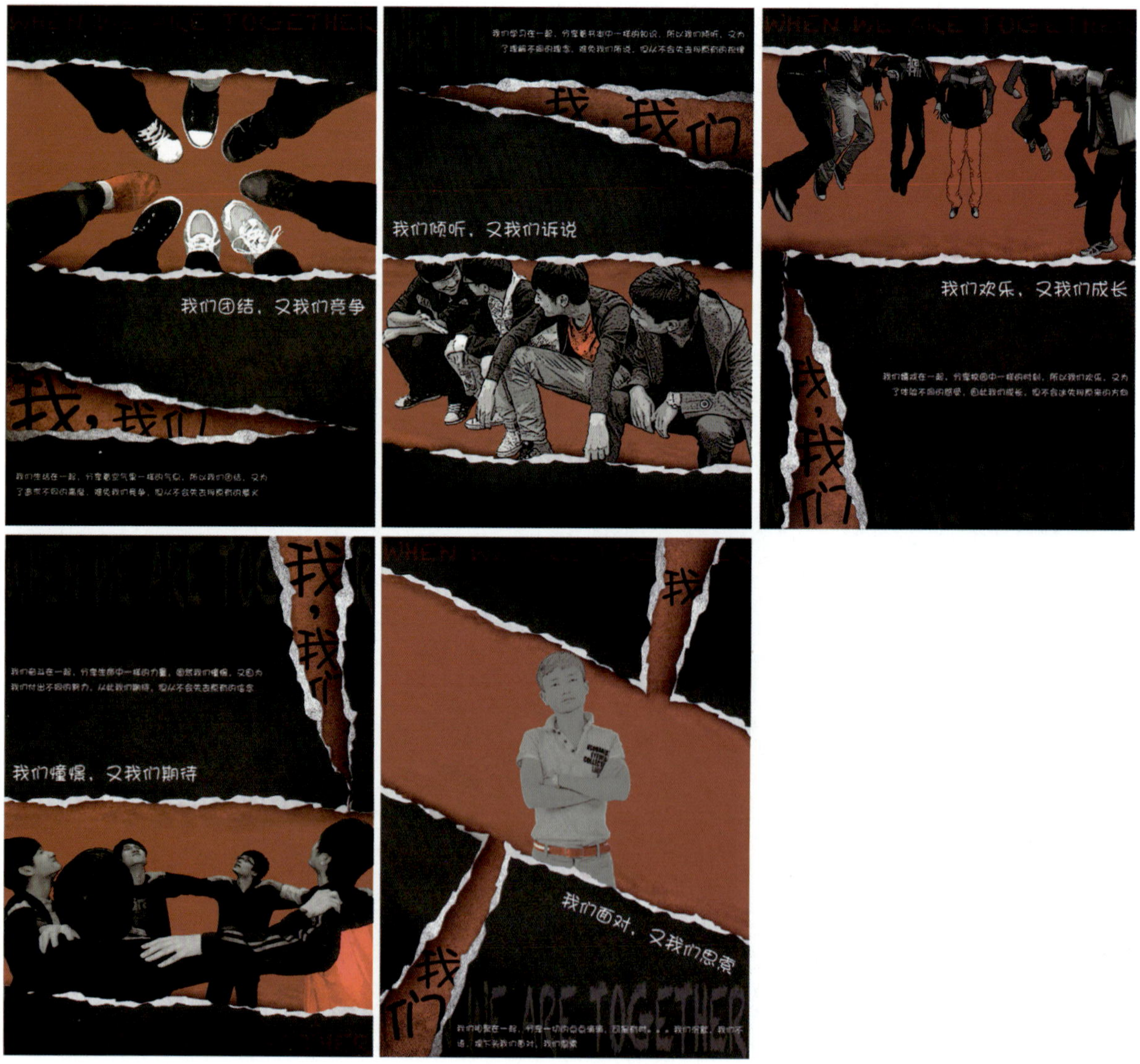

图6-3 无锡职业技术学院学生单元练习作品展示

第二节 优秀版式作品欣赏

优秀版式作品见图 6-4~ 图 6-18。

图6-4《快与慢》主题系列版式 无锡职业技术学院 谢芳芳

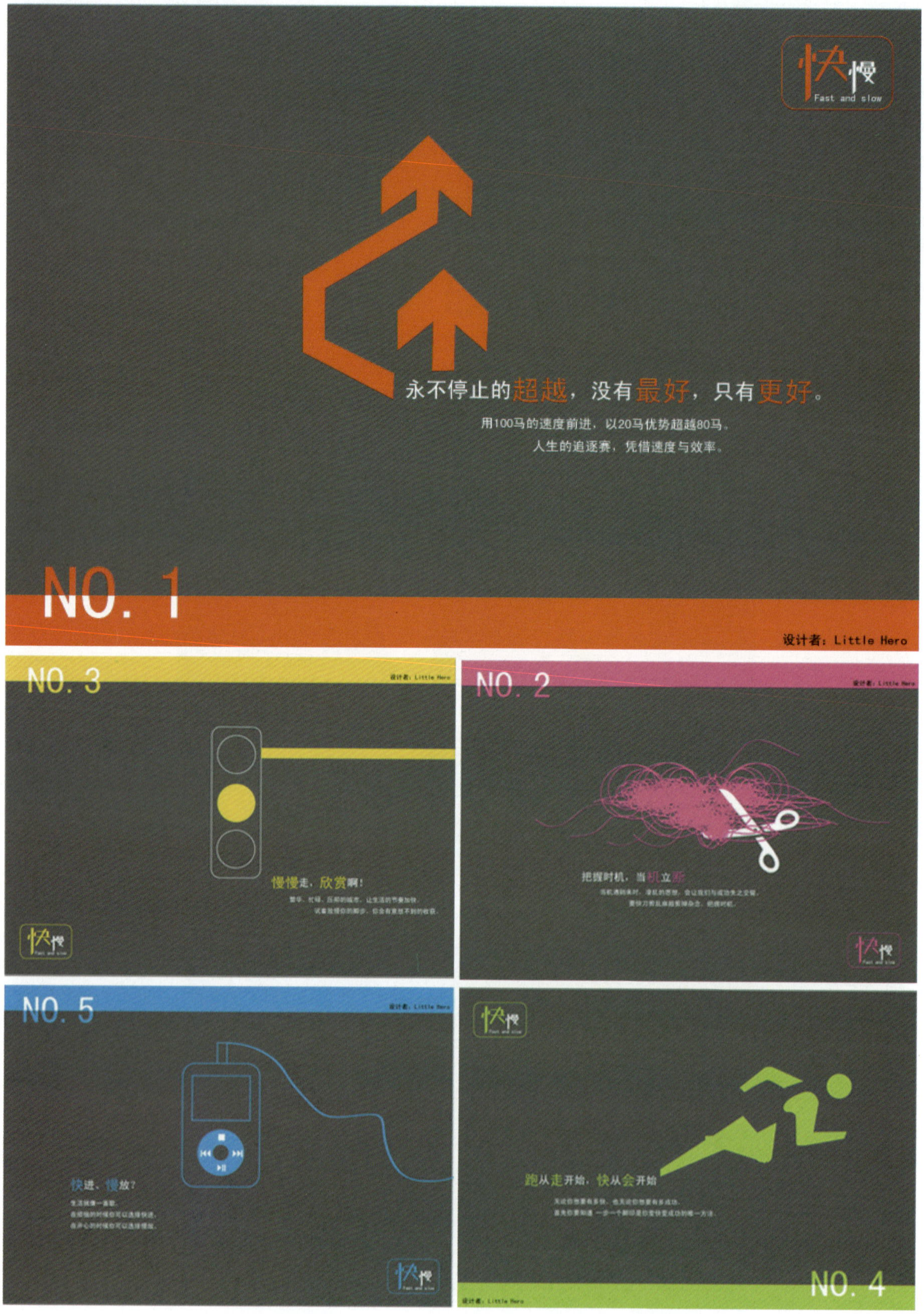
快慢
Fast and slow
永不停止的超越，没有最好，只有更好。
用100马的速度前进，以20马优势超越80马。
人生的追逐赛，凭借速度与效率。
NO. 1
设计者：Little Hero
NO. 3
慢慢走，欣赏啊！
NO. 2
把握时机，当机立断
NO. 5
快进、慢放？
跑从走开始，快从会开始
NO. 4

图6-5《快与慢》主题系列版式 无锡职业技术学院 王士海

过五关，斩六将，一君无二主，义绝
Guanyu
关羽
关云长
变法多端，正义凛然，气拔云天
齐天大圣
孙悟空
Sunwukong
高瞻远瞩，深谋远虑，勤能补拙
Huguangyong
胡光墉
侠肝义胆，铁血柔肠，忍字心头刀
林冲
豹子头
Linchong
多愁善感，才华横溢，温柔纷纷
林黛玉
Lindaiyu

图6-6《红眼看中国》主题系列版式 无锡职业技术学院 张天雨

在這裏，順其自然是一種處世之道。
傳道.中國
在這裏，無論身在哪，我們都必須承認我們的中國根！
不管你是台湾的还是香港的，咱都是中国的。
尋根.中國
禮遇.中國
在這裏，碰觸到的都是民族的底蘊
它是一种无声的语言，能反映出一个人的道德修养，也向人们传递着一个人对整个生活 的内心态度。
凝聚.中國
在这里，拧在一起的是我们的心。
只有心在一起才会幸福。
幸福中国

图6-7《红眼看中国》主题系列版式 无锡职业技术学院 管丹丹

雅
无锡
東林舊跡
文化之传承
中国 无锡
绣
无锡
锡绣之炫烂
魅
无锡
宜居之清雅

图6-8《印象无锡》主题系列版式 无锡职业技术学院 周雪

锡心涤虑
馨香祷祝，那一方净土，洗涤一切无锡的浊
WUXI, THERE ARE MORE THAN BUDDHA OF LING SHAN!
文人气锡
低吟浅唱，那一抹二胡，弹奏一首无锡的韵
锡世之珍
WUXI, THERE ARE MORE THAN YIXING TEAPOT!
锡细品味
WUXI, THERE ARE MORE THAN PEACHES!
另眼看锡
WUXI,THERE ARE MORE THAN QINGMING BRIDGE!

图6-9《印象无锡》主题系列版式 无锡职业技术学院 苗霖露

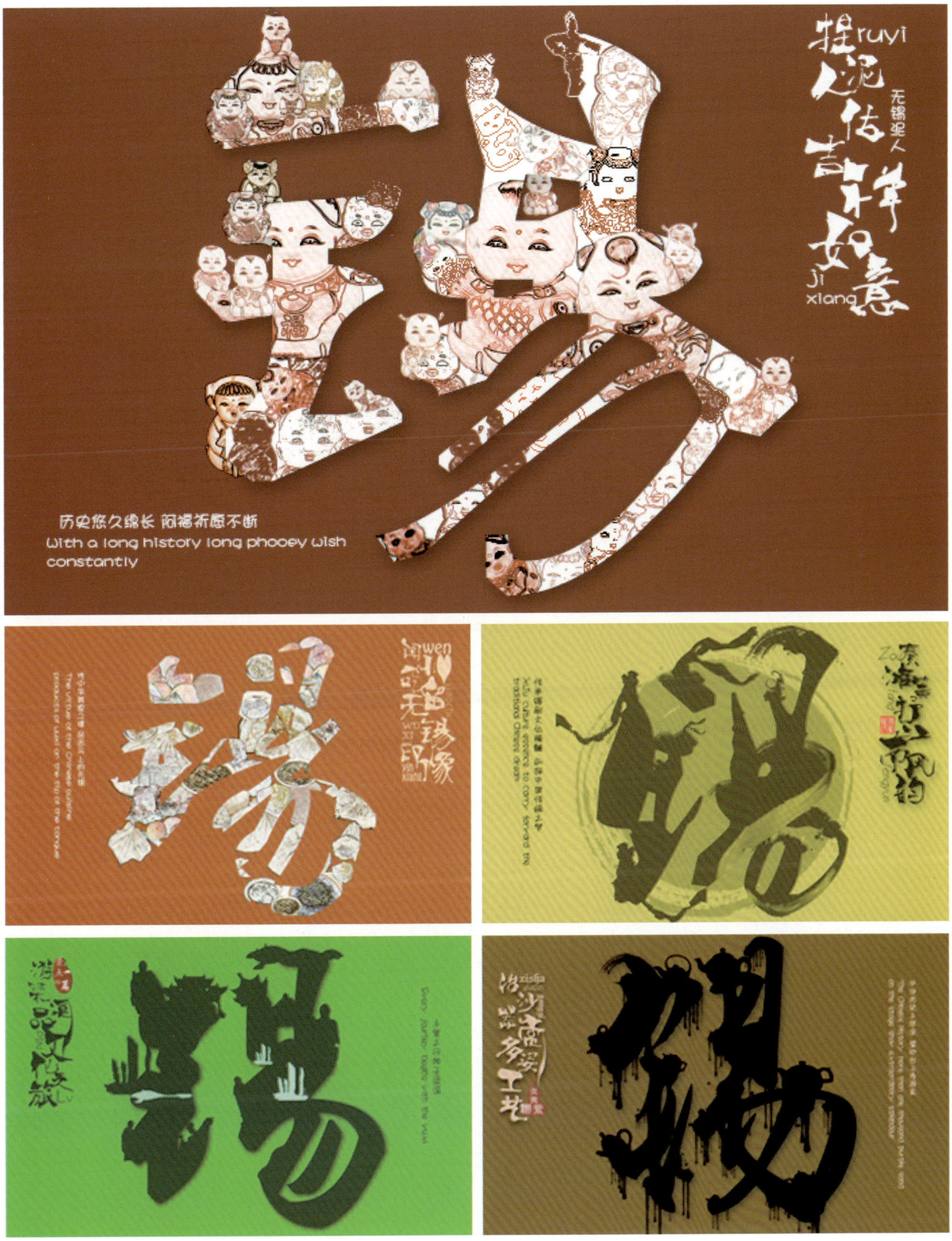
ruyi
捏泥人传吉祥如意
无锡泥人
ji xiang
历史悠久绵长 阿福祈愿不断
With a long history long phooey wish constantly

图6-10《印象无锡》主题系列版式 无锡职业技术学院 乔晓晴

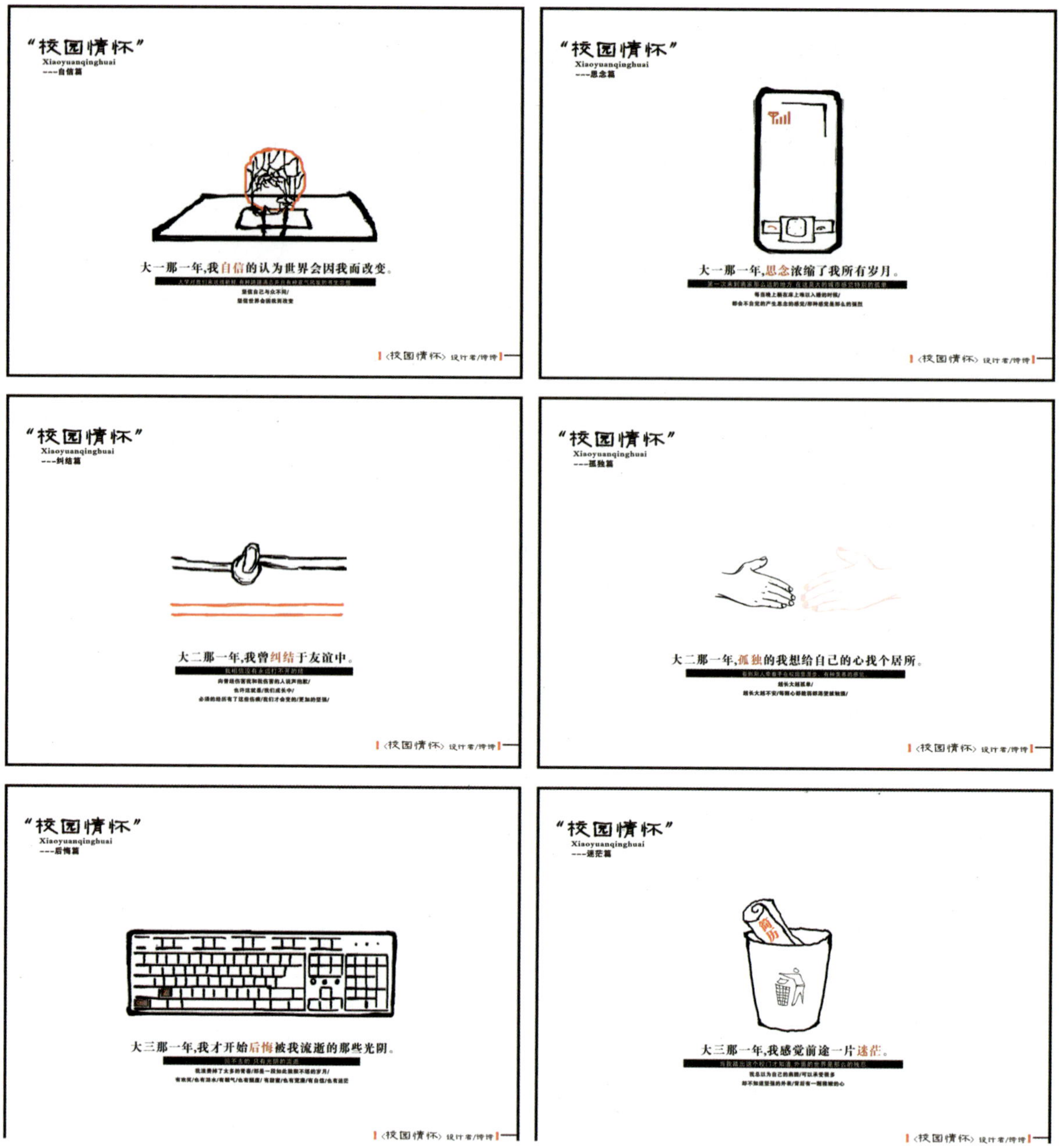
“校园情怀”
Xiaoyuanqinghuai
---自信篇
大一那一年,我自信的认为世界会因我而改变。
〈校园情怀〉设计者/诗婷
“校园情怀”
Xiaoyuanqinghuai
---思念篇
大一那一年,思念浓缩了我所有岁月。
〈校园情怀〉设计者/诗婷
“校园情怀”
Xiaoyuanqinghuai
---纠结篇
大二那一年,我曾纠结于友谊中。
〈校园情怀〉设计者/诗婷
“校园情怀”
Xiaoyuanqinghuai
---孤独篇
大二那一年,孤独的我想给自己的心找个居所。
〈校园情怀〉设计者/诗婷
“校园情怀”
Xiaoyuanqinghuai
---后悔篇
大三那一年,我才开始后悔被我流逝的那些光阴。
〈校园情怀〉设计者/诗婷
“校园情怀”
Xiaoyuanqinghuai
---迷茫篇
简历
大三那一年,我感觉前途一片迷茫。
〈校园情怀〉设计者/诗婷

图6-11《校园情怀》主题系列版式 无锡职业技术学院 王诗婷

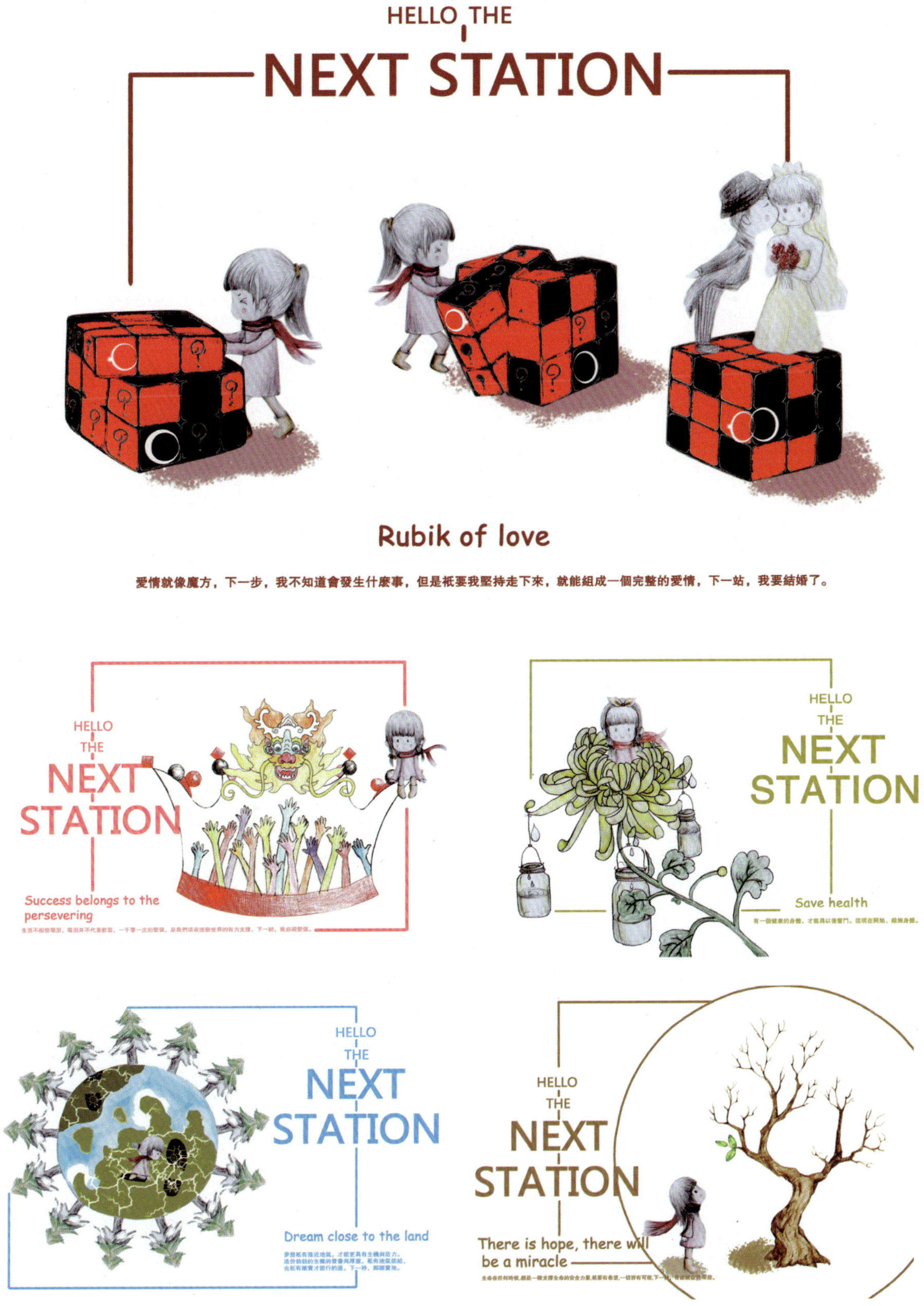
HELLO THE
NEXT STATION
Rubik of love
愛情就像魔方，下一步，我不知道會發生什麼事，但是衹要我堅持走下來，就能組成一個完整的愛情，下一站，我要結婚了。
HELLO
THE
NEXT
STATION
Success belongs to the persevering
HELLO
THE
NEXT
STATION
Save health
HELLO
THE
NEXT
STATION
Dream close to the land
HELLO
THE
NEXT
STATION
There is hope, there will be a miracle

图6-12《下一站，你好》主题系列版式 无锡职业技术学院 张会娣

ABSOLUT VODKA
绝对憧憬
ABSOLUT VODKA
ABSOLUT VODKA

ABSOLUT VODKA
绝对回忆
ABSOLUT VODKA
ABSOLUT VODKA

图6-13《绝对伏特加》主题系列版式 无锡职业技术学院 杜田源

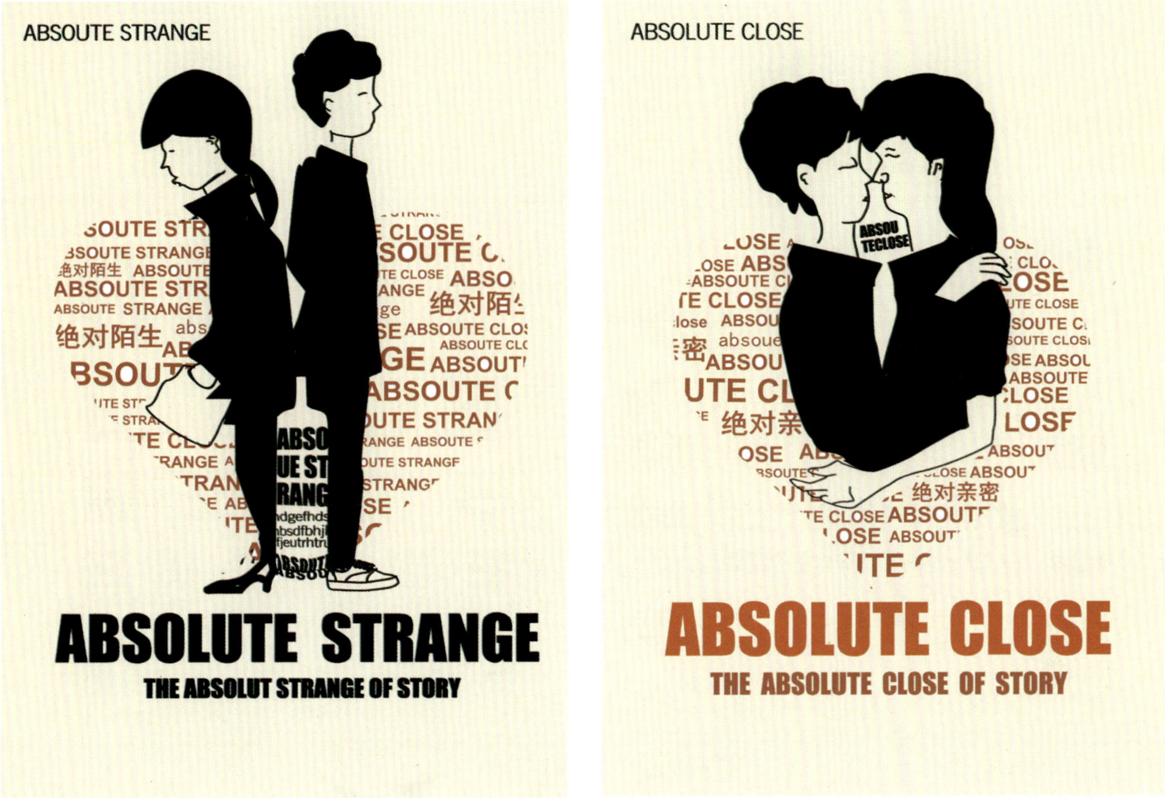

图6-14《绝对伏特加》主题系列版式 无锡职业技术学院 王琼

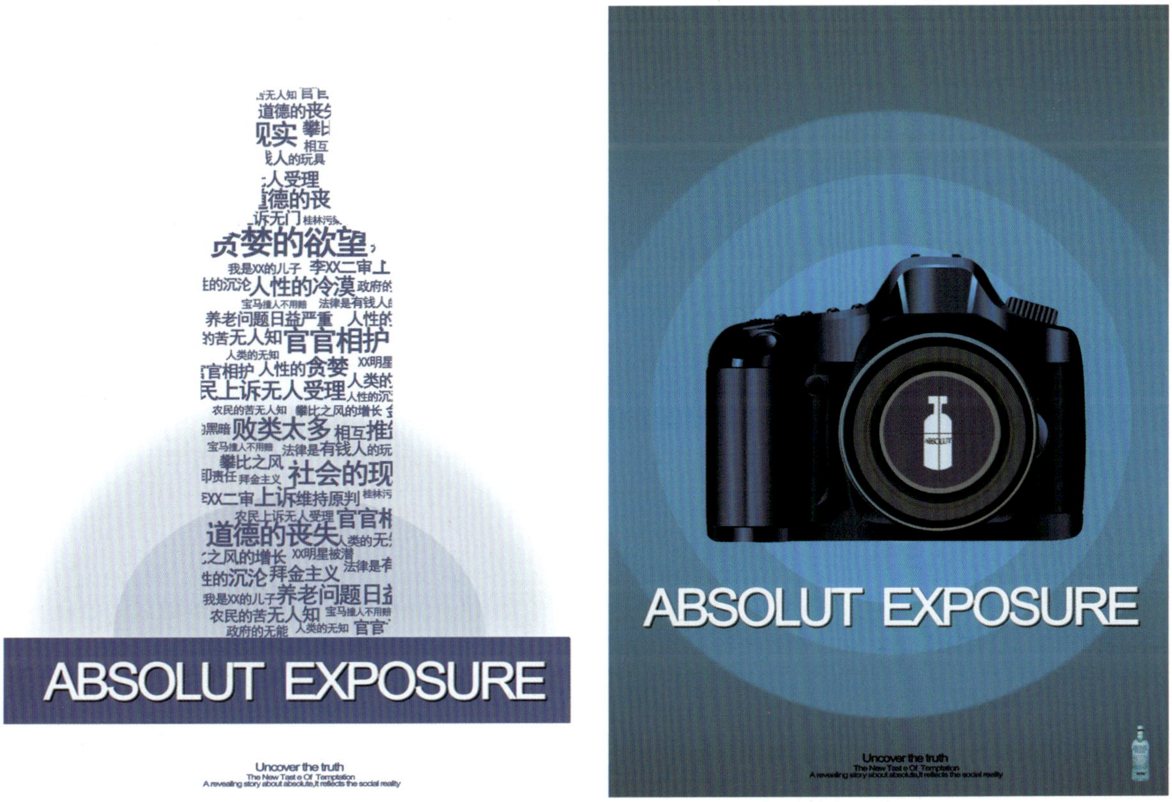

图6-15《绝对伏特加》主题系列版式 无锡职业技术学院 王盼盼

Can you see me ?
smart
SEM
s m a r t
Can you see me?

图6-16《SMART》主题系列版式 无锡职业技术学院 李敏娜

GIFT BOX
Mickey
FOXRIVER
XRIVER
XRIVER
First-A
2007
ROSE
逸香
huajiu
逸香
逸香

图6-17《逸香酒》包装设计 无锡职业技术学院学生作品

Nothing is gonna
chang my world
SINGING FOR YOU
Fun Radio
SPARE
SPARE
wake up

图6-18 CD装帧设计 无锡职业技术学院学生作品